ISSN 0371-327X

SITZUNGSBERICHTE DER SÄCHSISCHEN AKADEMIE
DER WISSENSCHAFTEN ZU LEIPZIG

Mathematisch-naturwissenschaftliche Klasse
Band 115 · Heft 3

PAUL GÖRLICH

DIE GESCHICHTLICHE ENTWICKLUNG DES WISSENSCHAFTLICHEN GERÄTEBAUS UND SEINE ZUKÜNFTIGE BEDEUTUNG

AKADEMIE-VERLAG · BERLIN

1981

SITZUNGSBERICHTE DER SÄCHSISCHEN AKADEMIE DER WISSENSCHAFTEN ZU LEIPZIG

MATHEMATISCH-NATURWISSENSCHAFTLICHE KLASSE

Band 109

Heft 1 Prof. Dr. ERICH RAMMLER, Über die Theorien der Braunkohlenbrikettentstehung
1970. 38 Seiten – 13 Abb., davon 2 auf 2 Tafeln – 8° – M 4,-

Heft 2 Prof. Dr. WOLFGANG TUTSCHKE, Stammfunktionen komplexwertiger Funktionen
1970. 20 Seiten – 8° – M 3,7

Heft 3 Dr. habil. GÜNTHER EISENREICH, Zur Syzygientheorie und Theorie des inversen Systems perfekte Ideale und Vektormodule in Polynomringen und Stellenringen 1970. 88 Seiten – 8° – M 10,8

Heft 4 Prof. Dr. med. ROLF EMMRICH, Hochdruck und Hyperlipidämie (Hypercholesterinämie) als Risiko faktoren für die Entstehung der Arteriosklerosen
1971. 23 Seiten – 10 Abbildungen – 4 Tabellen – 8° – M 3,9

Heft 5 Prof. Dr. HANS DRISCHEL, Biologische Rhythmen
1972. 57 Seiten – 31 Abbildungen – 1 Tabelle – 8° – M 6,6

Heft 6 Prof. Dr.-Ing. Dr. h. c. KURT SCHWABE, Konzentrierte Elektrolytlösungen – Thermodynamisch und kinetische Eigenschaften 1972. 49 Seiten – 27 Abbildungen – 2 Tabellen – 8° – M 7,5

Heft 7 Prof. Dr. WOLFGANG TUTSCHKE, Konstruktion von globalen Lösungen mit vorgeschriebenen Singu laritäten bei partiellen komplexen Differentialgleichungen 1972. 24 Seiten – 8° – M 4,5

Band 110

Heft 1 Prof. Dr. h. c. PAUL GÖRLICH, Über die Laser und ihre Anwendung
1972. 24 Seiten – 8° – M 2,3

Heft 2 Prof. Dr. HASSO ESSBACH, Zum Problem der Tumoren im Kindesalter
1972. 24 Seiten – 11 Abbildungen auf 10 Kunstdrucktafeln – 8° – M 6,–

Heft 3 Prof. Dr. med. WALTER BREDNOW, Zur Anthropologie des Schwindels
1973. 17 Seiten – 2 Abbildungen auf 2 Kunstdrucktafeln – 8° – M 2,5

Heft 4 Prof. Dr. h. c. PAUL GÖRLICH, Betrachtungen über den Wissenschaftlichen Gerätebau
1972. 39 Seiten – 8° – M 3,–

Heft 5 Prof. Dr. ERICH RAMMLER, Einige Betrachtungen über Erdgas
1974. 43 Seiten – 8 Abbildungen – 3 Tabellen – 8° – M 4,50

Heft 6 Prof. Dr. GUSTAV E. R. SCHULZE, Zur Rolle des Einfachheitsprinzips im physikalischen Weltbild
1974. 23 Seiten – 4 Abbildungen – 8° – M 2,50

Heft 7 Prof. Dr. med ROLF EMMRICH, Zwischen Leben und Tod. Ärztliche Probleme der Thanatologie
1974. 22 Seiten – 2 Abbildungen – 4 Tabellen – 8° – M 3,50

Band 111

Heft 1 Prof. Dr. WILHELM MAIER, Vom Erbe Bernhard Riemanns 1975. 16 Seiten – 8° – M 2,50

Heft 2 Prof. Dr. med. HANS DRISCHEL, Organismus und geophysikalische Umwelt
1975. 50 Seiten – 25 Abbildungen – 1 Tabelle – 8° – M 7,–

Heft 3 Prof. Dr. MARIA HASSE, Zum Begriff des allgemeinen Produkts von Kategorien
1975. 32 Seiten – 8° – M 5,–

ISSN 0371-327X

SITZUNGSBERICHTE DER SÄCHSISCHEN AKADEMIE
DER WISSENSCHAFTEN ZU LEIPZIG

Mathematisch-naturwissenschaftliche Klasse
Band 115 · Heft 3

PAUL GÖRLICH

DIE GESCHICHTLICHE ENTWICKLUNG DES WISSENSCHAFTLICHEN GERÄTEBAUS UND SEINE ZUKÜNFTIGE BEDEUTUNG

AKADEMIE-VERLAG · BERLIN
1981

Vorgetragen in der Sitzung am 8. Februar 1980
(auszugsweise vorgetragen auf dem Symposium „Fertigungsmeßtechnik"
der TU Dresden im März 1980)
Manuskript eingeliefert am 28. März 1980
Druckfertig erklärt am 30. Januar 1981

Erschienen im Akademie-Verlag, DDR - 1080 Berlin, Leipziger Straße 3–4

Lizenznummmer: 202 · 100/64/81
Gesamtherstellung: VEB Druckhaus „Maxim Gorki", 7400 Altenburg
Bestellnummer: 762 899 7 (2027/115/3) · LSV 1104
ISSN 0371 - 327 X
Printed in GDR
DDR 6,– M

INHALTSVERZEICHNIS

DIE GESCHICHTLICHE ENTWICKLUNG DES WISSENSCHAFTLICHEN GERÄTEBAUS UND SEINE ZUKÜNFTIGE BEDEUTUNG

1. Einführung

In einem langjährigen, etwa am Ende des vergangenen Jahrhunderts (gegen 1880) durch das Eindringen der Wissenschaft in die Produktion ausgelösten Prozeß hat sich als Ergebnis der Wechselwirkung zwischen Forschung und Industrie der Wissenschaftliche Gerätebau (WGB) als ein eigenständiges naturwissenschaftlich-technisches Grenzgebiet entwickelt. Dieses damals neu entstandene Arbeitsgebiet als eine „eigenständige wissenschaftliche Disziplin“, das heute zum wichtigsten Mittler zwischen der reinen Wissenschaft und der technischen Praxis geworden ist, unterliegt eigenen Gesetzmäßigkeiten und läßt sich deshalb eindeutig gegenüber der naturwissenschaftlichen Grundlagenforschung und der Grundstoff- und Konsumgüterindustrie abgrenzen. Die Erzeugnisse des WGB sind als Sonden zu charakterisieren, die in jeweils spezialisierten Formen entweder verschiedene an die Sinne des Menschen gebundene Fähigkeiten quantitativ verfeinern und häufig in einen anderen sinnlichen Wahrnehmungsbereich transformieren oder aber auch in direkt der Wahrnehmung nicht zugänglichen naturgesetzlichen Wirkungsbereichen Zusammenhänge, Zustände oder Wirkungen qualitativ oder quantitativ erfassen und wahrnehmbar bzw. auswertbar machen. In den Erzeugnissen des WGB werden zur Lösung dieser Aufgaben alle physikalischen und technisch-wissenschaftlichen Erkenntnisse, die zur Verfügung stehen, genutzt und zwar entweder einzeln oder durch sinnvolle aufwandsökonomische Kombinationen im schöpferischen Prozeß. Als Folge dieser Feststellungen kann man registrieren, daß der WGB sich schneller entwickeln muß als ein anderer Sektor der modernen Technik. Neue Ergebnisse des WGB erscheinen in dem Maße, wie die Forscher neue Wege entdecken, um an die fundamentalen Kräfte heranzukommen, die das Leben und seine physische Umgebung bestimmen. Mehr und mehr wird also der augenblickliche und der zukunftsnahe Zeitabschnitt bis ins 21. Jahrhundert hinein zum „Zeitalter des WGB“; denn weder in der naturwissenschaftlichen Forschung noch in der industriellen Produktion kann ohne Geräte die Arbeitsproduktivität gesteigert werden, noch kann im Wechselspiel mit der Forschung an die Entdeckung neuer Effekte sowie an die Lösung bestimmter vorliegender Probleme in der gesellschaftlichen Praxis gedacht werden. Die Folge dieser aufgeführten Tatsachen ist aber die Erscheinung, daß der moralische Verschleiß der Geräte immer schneller erfolgt, und daraus abgeleitet notwendigerweise eine Verkürzung der Zeitspanne eintreten muß, die für die Entwicklung eines neuen Gerätes zur Verfügung steht. Dieselbe Aussage gilt auch für Maschinen und ganze Produktionsausrüstungen, insbesondere auch für Anlagen zur Prozeßkontrolle. Es muß sich entsprechend dieser Zusammenhänge ein immer schnellerer Umschlag der wissenschaftlichen Erkenntnis in neue Produkte vollziehen, wobei die Strukturen der technischen Gebilde immer komplizierter werden, wie auch ihre Herstellungsverfahren. Letzterer Hinweis deutet darauf, daß auch der Anteil der technischen Produktionsvorbereitung am Gesamtprozeß der industriellen Reproduktion laufend wächst. Die Ökonomie der Erzeugnisse wird durch eine rationelle Produktionsvorbereitung entscheidend beeinflußt und bestimmt.

Auf Grund der gestreiften Zusammenhänge und der wechselseitigen Abhängigkeit von Forschung und industrieller Produktion muß der WGB als „stark perspektivisch orientiert" bezeichnet werden. Der WGB muß sich unter Berücksichtigung der naturwissenschaftlichen und technischen Bedürfnisse der Zukunft entwickeln, muß sich daher auf wissenschaftlich erarbeitete prognostische Einschätzungen der Entwicklungstendenzen von Naturwissenschaft und Technik stützen.

2. Geschichtliche Betrachtungen über den WGB

Im 16. und 17. Jahrhundert bildete sich der neue Inhalt in der naturwissenschaftlichen Forschung heraus, quantitative Naturbeobachtung, Experiment und Theorie als Komplex zu betrachten. Mit diesem neuen Inhalt sind die Namen KEPLER, GALILEI, DESCARTES und NEWTON eng verknüpft [1]. Der Übergang, vornehmlich im 17. Jahrhundert, vom Mittelalter zur Neuzeit, in der die exakte Naturwissenschaft begründet wurde, wird von den Naturwissenschaftlern mit dem Namen „Kopernikanische Wende" bezeichnet. TYCHO BRAHE stellte die Messungen höchster Genauigkeit für astronomische Zwecke in den Vordergrund; KEPLER verlangte für die Theorie, daß sie innerhalb der Meßgenauigkeit quantitativ mit den Beobachtungen übereinstimmen muß. Man muß allein aus diesen beiden Forderungen erkennen, daß in der Kopernikanischen Wende nicht nur die Begründung der „exakten Naturwissenschaften", sondern auch die Anfänge einer wissenschaftlich geführten Technik zu suchen sind, denn exakte Messungen erfolgen allein mit entsprechenden Geräten. Galilei formulierte den Gedanken, daß es keine „Wunder der Technik" gibt, sondern daß alles, was je gemacht ist und gemacht wird, auf Naturgesetzen beruhe. Zur gleichen Zeit setzte daher ein intensiver Instrumenten- bzw. Gerätebau ein, der durch den geschilderten wachsenden konkreten Zusammenhang mit der naturwissenschaftlichen Forschung hervorgerufen wurde. Die quantitative Naturbeobachtung verlangte die Einführung des Begriffes „Messen". Dieser Begriff wurde zur Grundlage des Instrumenten- bzw. Gerätebaus, der sich bis zum heutigen Tage zu dem entwickelte, was unter dem Ausdruck „Wissenschaftlicher Gerätebau" (WGB) verstanden werden muß. Gegenstand des Gerätebaus im 16. und 17. Jahrhundert waren vornehmlich Mikroskope, Fernrohre, geodätische Geräte [2], aber auch Rechenmaschinen, Chronometer und Luftpumpen [3]. Am Äußeren der damaligen Geräte war sofort erkennbar, daß es sich um Einzelgeräte handeln mußte, denn ihr Äußeres war durch künstlerische Bearbeitung geprägt.

Erst Ende des 18. Jahrhunderts, Anfang des 19. Jahrhunderts erkennt man sichere Ansätze zu einer „serienmäßigen" Herstellung von Geräten. Das Zeitalter der „industriellen Revolution", wie man die erwähnte Zeitspanne nennen kann, stellte an den Gerätebau steigende Forderungen. Gekoppelt mit der industriellen Revolution ist in den dreißiger Jahren des 19. Jahrhunderts eine überdurchschnittliche Entwicklung der naturwissenschaftlichen Forschung zu beobachten. Damit setzte eine noch stärkere, konkretere Verquickung des Gerätebaus mit der naturwissenschaftlichen Forschung ein. Durch die Konzeption des metrischen Systems in der Mitte des 19. Jahrhundert [4] begann eine Qualifizierung dieser Verquickung. Ohne ein Meßwesen und ohne physikalisch-technische Einheiten [5], d. h. ohne eine „Metrologie", ist heute und in Zukunft kein „WGB" denkbar.

Ab Beginn des 19. Jahrhunderts wird der Gerätebau durch entscheidende Initiativen hervorragender Forscher direkt gefördert. Zu diesen zählen Fraunhofer, Siemens, Gauss, Weber, Helmholtz u. a., vor allem aber Ernst Abbe. Zweifellos darf man Fraunhofer als den ersten Optiker im Sinne des modernen Gerätebaus bezeichnen, denn er schaffte durch seine exakten Berechnungen die Grundlagen der wissenschaftlichen Geräte-Optik, nachdem in früheren Jahren das Glas- und Linsenschleifen auf handwerklicher Basis betrieben worden war. Jedoch muß man Abbe sofort nach Fraunhofer nennen, schuf Abbe doch zwischen 1867 und 1869 ein Fokometer, ein Refraktometer und ein Apertometer und 1871 die Beugungstheorie der mikroskopischen Abbildung, den Abbeschen Sinussatz, der erstmals 1873 zur Veröffentlichung kam [6]. Abbe konnte seine im November 1871 beendeten Mikroskopberechnungen sofort in den Zeiss-Werkstätten in einer Mikroskopproduktion größeren Ausmaßes umsetzen [7]. Die reine Wissenschaft war Abbes ureigenstes Anliegen, jedoch setzte er sich weitgehend für eine feste Verbindung zwischen Wissenschaft und Praxis ein, wobei ihm der Verzicht auf eine rein wissenschaftliche Tätigkeit an der Universität Jena nicht leicht gefallen sein dürfte [8]. Sein Vorbild bewirkte jedoch, daß sich um und nach der Jahrhundertwende eine große Zahl von Wissenschaftlern ihr ganzes Leben lang bzw. große Abschnitte ihres Lebens im Zeiss-Werk der Aufgabe, die Wissenschaft mit der Praxis zu verknüpfen, widmeten und damit den Aufbau der eigenständigen wissenschaftlichen Disziplin des WGB tatkräftig unterstützten. Zu ihnen zählen die Namen: HERMANN AMBRONN (Beweis der Micellartheorie mit Hilfe der Polarisationsmikroskopie), HENRY SIEDENTOPF (Entwicklung des Ultramikroskops und des Photomikroskops, gemeinsam mit ZSIGMONDY), AUGUST KÖHLER (Beleuchtungsprinzip, Ultraviolett-Mikrophotographie), SIEGFRIED CZAPSKI, OTTO EPPENSTEIN (CZAPSKI-EPPENSTEINsches Komparator-Prinzip), PAUL RUDOLPH (Objektivtypen hoher Lichtstärke), CARL PULFRICH (Refraktometer), ALBERT KÖNIG, HANS HARTING, AUGUST SONNEFELD (Feldstecher, Fernrohre) MORITZ VON ROHR, HANS BOEGEHOLD (Entwicklung neuer Brillengläser), ERNST WANDERSLEB (Entwicklung des Objektivs Tessar), FRITZ LÖWE (Entwicklung von Spektroskopen), RUDOLPH STRAUBEL (Gesamtgebiet Optik), OTTO VON GRUBER, CARL REINHARD HUGERSHOFF, WALTER BAUERSFELD (Vermessungsgeräte, photogrammetrische Geräte), HANS HARTINGER (Augenoptik) und viele andere mehr [9]. Man kann die Frage stellen, ob es in einer Zeit, in der die Fortentwicklung der Naturwissenschaften und der technischen Wissenschaften stärker als proportional mit der Zeit wächst, sinnvoll ist, sich mit der geschichtlichen Entwicklung dieser Disziplinen und deren wissenschaftlichen Vertretern zu beschäftigen, d. h., ob es nicht sinnvoller ist, sich den momentanen Stand der Erkenntnisse anzueignen und nach deren geschichtlichen Entwicklungen nicht zu fragen. In einfachster Form ausgedrückt, läßt sich jedoch die Frage stellen, ob man den richtigen Weg in der Forschung weiterschreiten kann, wenn man den bisher beschrittenen Weg nicht kennt. Eine weitgehend sichere prognostische Arbeit muß auf einer Kenntnis der Vergangenheit aufbauen. OSTWALDS Worte bleiben gültig: „Es gibt kein wirksameres Mittel zur Belebung und Vertiefung des Studiums der Wissenschaften als das Eindringen in ihr geschichtliches Werden". Als Beispiel der Pflege der geschichtlichen Entwicklung sei in bezug auf die im Zeiss-Werk wirksam gewesenen Wissenschaftler eine Literaturzusammenstellung zur Nutzung wiedergegeben [10], durch die die Verquickungstendenz naturswissenschaftlicher Erkenntnisse mit technischen Ergebnissen und umgekehrt deutlich widerspiegelt wird. ABBEs Mitarbeiter CZAPSKI hat die Verquickungstendenz 1905 in Worten klar und bewußt zum Ausdruck gebracht, indem er den wissenschaftlichen Gerätebau als „die auf Wissenschaft gegründete Technik" definierte.

Zur Vertiefung des Gedankenkreises „Wechselbeziehung zwischen Naturforschung und technischer Forschung" mögen noch einige Hinweise dienen, die durch weitere Literaturzitate ergänzt werden könnten. BUCHWALD [11] beispielsweise bringt zum Ausdruck, daß über die Beziehungen der Physik zur Technik die Anschauungen nicht immer einheitlich seien. Er führt aus einem Vortrag von C. RAMSAUER, der ebenfalls als charakteristischer „technischer Physiker“ bezeichnet werden muß, eine interessante Bemerkung aus den vierziger Jahren an: „Die Schaffung des galvanischen Elementes durch den Physiker VOLTA und die hierdurch ermöglichten physikalischen Folgeentdeckungen, wie die Ablenkung der Magnetnadel, erschließen die Technik des Gleichstroms und damit das erste Teilgebiet der Elektrotechnik. Diese Entwicklung erreicht jedoch bald, trotz der großen Bedeutung der Telegraphie, ihre natürlichen Grenzen. Da gibt der Physiker FARADAY durch die Entdeckung der Induktion einen neuen gewaltigen Impuls. Es folgt die schnelle Entwicklung der Wechselstromtechnik bis zur Summe aller Möglichkeiten, die in dem Induktionsgesetz enthalten sind. Darauf kommt wieder ein neuer Impuls von seiten der Physik: die Entdeckung der elektrischen Wellen durch HERTZ und die technische Auswertung dieses Impulses durch MARCONI und seine Nachfolger. Als dann auch hier die Grenze der Entwicklung beinahe erreicht ist, kommt ein neuer Impuls aus den Forschungsergebnissen des Physikers LENARD: die technische Nutzung der Elektronensteuerung durch elektrische Felder als Prinzip der Verstärkerröhre, ein Impuls, der die bisherige Schwachstromtechnik um neue Gebiete von ungeheurer Größe erweitert hat. Der nächste Impuls könne aus dem von der Physik bearbeiteten Erscheinungsgebiet der Supraleitfähigkeit kommen oder für die fast ganz selbständig gewordene Kältetechnik aus der von der Physik erkannten Möglichkeit, tiefste Temperaturen durch magnetische Vorgänge zu erreichen. Jede neue technische Entwicklung geht nur so weit, wie der Impuls reicht, den sie von der Physik empfangen hat; die Spezialtechnik ist nicht imstande, aus sich heraus grundlegende Fortschritte zu erzeugen, sondern muß diese immer wieder aus der Physik empfangen“.

Der zuletzt wiedergegebene Satz aus RAMSAUERS Vortrag dürfte einer harten Kritik nicht unbedingt standhalten, denn es gibt Beispiele, aus denen man erkennen kann, daß erst durch technische Fortschritte neue Impulse auf die Physik übertragen worden sind, allerdings besonders nachweisbar erst in den letzten 40 bis 50 Jahren. In der Eröffnungsansprache zur 103. Versammlung Deutscher Naturforscher und Ärzte in Weimar 1964 konnte folgendes ausgeführt werden [12]: „KIESER, der eine Geschäftsführer der 14. Versammlung unserer Gesellschaft, hat in seiner damaligen Eröffnungsrede in Jena auf das allmählich zum Volksbewußtsein kommende Gefühl der Bedeutung der Naturwissenschaft für das Leben der Zeit hingewiesen. In den 128 Jahren bis zum heutigen Tag hat sich dieser von ihm angekündigte Prozeß konsequent und unerbittlich vollzogen. Wir selbst sind Zeugen dafür und greifen als Forscher selbst in den Prozeß ein. Konsequent und unerbittlich müssen wir sagen, weil nicht nur das Positive dieses Entwicklungsprozesses der Menschheit geschenkt wurde, sondern durch seine negative Seite die Menschheit sich selbst andererseits tatsächlich an den Rand ihrer Existenz gebracht hat. Schritt für Schritt hat die physikalische Wissenschaft von der klassischen Anschauungsweise her zu quantenmechanischen Kenntnissen geführt, und eine Krönung dieses wissenschaftlichen Gebäudes durch quantenelektrodynamische Gedankengänge scheint bevorzustehen. Die systematisch erarbeiteten Vorstellungen über den Kernaufbau, unterstützt durch eine aufwendige Experimentierkunst, haben zu einer Kerntechnik geführt, mit deren Hilfe man die Lösung des Problems der Energiegewinnung in großem Maße zum Wohl der Menschheit erhofft. ... Faszinierend darüber hinaus ist die zunächst rein wissenschaftliche Frage nach der Existenz einer Antimateriewelt, die die Kernforschung nahegelegt hat. Durch die Erfindung der Blasenkammer konnten Antiprotonen, Antineutronen und Antibaryonen entdeckt werden. ... Zweifelsohne liegt auch die Fülle der Forschungsergebnisse über die Festkörper, und speziell über die Halbleiter, in gleicher Größenordnung wie die der Kernphysik. Dioden und Transistoren, mit ausgefeilter Technologie hergestellt, geben den elektronischen Geräten ein neuartiges Gesicht. Mikromodultechnik und Molekularelektronik sind moderne Vokabeln, zu denen sich der Begriff „Laser“ gesellt hat. ... Ein Blick auf die Ergebnisse, die mit Hilfe der Raketen- und Satellitentechnik erzielt werden konnten, zeigt, daß im wesentlichen der Satellitentechnik zwei Aufgaben zufallen: einmal die Vervollkommnung der extraterrestrischen Forschung, zum anderen die Verbesserung der Nachrichtentechnik. ... Gleichzeitig ist auch die Automatisierung ein in den Vordergrund getretener Begriff geworden. ... Die Automatisierung ist ein Zeichen unserer Zeit geworden und kann dem Menschen ermüdende Tätigkeit ersparen, ihm helfen, beispielsweise mit Hilfe von Rechenanlagen komplizierte Aufgaben in extrem kurzen Zeiten zu lösen. ...“

Ein konkretes Beispiel, die Einwirkung der Gerätetechnik auf Fortschritte in der Biologie betreffend, sei herangezogen: Die grundlegende Einsicht, daß es Zellen gibt und daß alle lebenden Wesen aus Zellen bestehen, konnte man nur mit Hilfe der Mikroskopie gewinnen. Die molekularen Strukturen in der lebenden Zelle aufzuklären, war durch die Polarisationsmikroskopie ermöglicht worden. Schließlich gestattete die Elektronenmikroskopie die volle Möglichkeit, eine biologische Feinstrukturforschung durchführen zu können. Mit Recht läßt sich auf Grund dieser Fakten von einer „Forschungstechnik“ sprechen [13].

Ein weiteres konkretes Beispiel der Auswirkung des Gerätebaus auf die Forschung stellen die großen Beschleuniger dar, denen in der Kernforschung eine wachsende Bedeutung zugeschrieben werden muß. Ohne höchstentwickelte Industrie, die die magnetische Technik und die Hochvakuumtechnik völlig beherrscht, könnten derartige Beschleuniger, bis zur Nachahmung von Zusammenbrüchen von Sternen geeignet, nicht geschaffen werden, wobei umgekehrt auch die Technik stimuliert wird etwa durch eine neue Kurzzeitmeßtechnik, starke Technisierung der Supraleitung, sowie einer stärkeren Nutzung der Hochvakuumphysik.

Man erkennt, daß der WGB heute in der Tat in fruchtbarer „Wechselbeziehung“ zu den Naturwissenschaften, insbesondere zur Physik, steht, wobei Impulse zur Fortentwicklung, die aus der Technik kommen und die Naturwissenschaften befruchten, im Wachsen begriffen sind. Es erscheint daher müßig, abwägen zu wollen, welcher Grad der Wichtigkeit den jeweiligen wissenschaftlichen Disziplinen zukommt, wenn auch erkannt werden muß, „daß immer dann entscheidende Fortschritte im WGB zu erwarten sind, wenn neue Effekte aus Hauptgebieten der Forschung (insbesondere der physikalischen Forschung) in das Blickfeld treten, um sie technisch-industriell nutzbar zu machen“ [1].

3. Zur Definition des Begriffes „Wissenschaftlicher Gerätebau“

Eine Definition des Begriffes „Wissenschaftlicher Gerätebau“ muß die Erkenntnis beinhalten, daß in einem langjährigen, durch das Eindringen der Wissenschaft in die Produktion ausgelösten Prozeß als Ergebnis der Wechselwirkung zwischen naturwissenschaftlicher Forschung und Technik der WGB als ein eigenständiges naturwissenschaftlich-technisches Arbeitsgebiet entstanden ist. Der WGB muß also zweckmäßig als eine eigenständige Disziplin angesehen werden [14], um eine volle Wirksamkeit insbesondere auf den Gebieten Physik und Technik zu erzielen.

Über die Bedeutung des Begriffes „Gerät“ findet man im „Etymologischen Wörterbuch der deutschen Sprache“ von Kluge vermerkt:

Gerät: Als Kollektiv zu Rat bedeutet althochdeutsch „girati“ Beratung, Fürsorge, nachmals Ausrüstung. Angelsächsisch ist „giradi“ Hilfe, Vorteil. Im Mittelhochdeutsch haben „geraete“ und im Mittelniederdeutsch „gerede“ die Bedeutung Aus- und Zurüstung, Vorrat und Hausrat.

In „Wörter und Wendungen“ 1962 ist zu lesen:

Gerät (Apparat, Werkzeug, Vorrichtung) ein modernes, einfaches, kompliziertes, elektrisches, mechanisches, empfindliches Gerät, ein Gerät aus Metall, Glas, ein Gerät erfinden, entwickeln, konstruieren, bauen, eichen, reparieren, bedienen, aus- und einschalten.

Die Anwendung des Eigenschaftswortes „wissenschaftlich“ muß eine

Einschränkung beispielsweise in bezug auf das Nichteinbeziehen gewisser Konsumgüter andeuten, andererseits die Nutzung moderner wissenschaftlicher Arbeitsmethoden als Forderung einschließen. Wissenschaftliche Arbeit bedeutet systematisches, reproduzierbares, hochpräzises Registrieren bestimmter, bei vorgegebenen Bedingungen verlaufender Vorgänge einschließlich deren Interpretation. Die „wissenschaftlichen Geräte" sind die Produktionsinstrumente der Naturwissenschaften und der technischen Wissenschaften, sie sind daher praktisch ausschließlich „Meßgeräte", jedoch mit dem dazu notwendigen Zubehör. Der Oberbegriff „Messung" schließt sowohl das visuelle Beobachten und das Prüfen, als auch die selbsttätige programmierte Analyse mit anschließender Registrierung und Datenverarbeitung ein. Der WGB muß als Hauptkettenglied des wissenschaftlich-technischen und des wissenschaftlichen Fortschritts in der Gesellschaft angesehen werden, denn der WGB ist in der Tat die Voraussetzung für jede Weiterentwicklung von Naturwissenschaft und Technik, wobei neue Industriezweige in ihrer Zukunftsentwicklung besonders davon abhängig sind. Alle diese Tatsachen der stimulierenden Wirkung des WGB führen fortgesetzt zu neuen Denkweisen und diese stimulieren im dialektischen Wechselspiel der Kräfte ihrerseits wieder die Entwicklungsmöglichkeiten des WGB selbst.

Durch aktive Einschaltung der wissenschaftlichen Geräte in den Produktionsprozeß erhält der WGB außer seinem Meßmittelcharakter mehr und mehr Produktionsmittelfunktionen; denn die Geräte und Methoden, mit denen die Phänomene untersucht und die Gesetzmäßigkeiten formuliert werden, können für die Analyse des Zustandes technischer Anlagen und der in ihnen ablaufenden Prozesse eingesetzt werden, weil diese Prozesse denselben Gesetzmäßigkeiten unterliegen. Der WGB ist also nicht nur „Transformator", der die komplexen Wechselwirkungen zwischen Technik und Forschung vermittelt, sondern er ist selbst aktiv schöpferisch tätig und beeinflußt durch die Erschließung neuer Meßmöglichkeiten Wissenschaft und Technik außerordentlich stark. Die vom WGB entwickelten Meßverfahren und -geräte führen oft zu neuen Technologien in der industriellen Produktion anderer Industriezweige (z. B. Mikrobearbeitung mittels Elektronenstrahl- oder Lasersonden) oder erschließen der Wissenschaft neue Gebiete (z. B. MÖSSBAUER-Spektrometer). Ohne WGB wäre die moderne chemische Großindustrie mit ihren vielfältigen Auswirkungen nicht denkbar, wie ebenso die pharmazeutische, die metallverarbeitende, die Kunststoff- und die Textil-Industrie sowie der Bergbau ohne WGB nicht voll wirksam werden könnten. Die gleichen Betrachtungen gelten für nichtindustrielle Bereiche, wie Landesvermessung, Bauwesen, Energieversorgung, Lagerstättenkunde, Landwirtschaft, Gesundheitswesen und auch für Wissensdisziplinen wie Medizin, Biologie, Astronomie u. a.

Die aktive schöpferische Wirkung des WGB ist erkennbar dadurch, daß der WGB Ergebnisse der außerindustriellen Grundlagenforschung weiterverarbeitet, jedoch auch eigene, spezifische Grundlagenforschung treiben muß (vgl. z. B. physikalische und geometrische Optik, Analysen- und Längenmeßtechnik, Laserphysik, Optoelektronik, Verfahrensforschung u. a. m. [15]).

Bisher sind folgende Definitionen für den WGB gegeben worden:

1. Unter WGB versteht man die Herstellung von Geräten, Apparaturen und Hilfsmitteln, entwickelt auf wissenschaftlicher Basis, zur Förderung der Arbeitsproduktivität in der Naturforschung und in der industriellen Produktion und zur Unterstützung der Weiterentwicklung der Forschungsgebiete [16].
2. Der WGB ist eine Querschnittswissenschaft, die Aussagen macht über die Realisierung der von Informationstheorie oder Kybernetik auf der Grundlage des fachwissenschaftlichen Erkenntnisstandes abstrakt gegebenen Möglichkeit der Informationsgewinnung und -verarbeitung [17].

Der breite Inhalt des Begriffes „WGB“ dürfte durch die beiden formulierten Punkte am besten erfaßt werden, so daß durch sie die Definition des Begriffes „WGB“ für die weiteren Ausführungen als festgelegt gelten soll.

Eine eingehende Betrachtung der Disziplin „WGB“ weist aus, daß dieses Wissenschaftsgebiet außerordentlich heterogen zusammengesetzt ist, fallen doch Teilgebiete wie optischer, feinmechanischer, elektronischer, kerntechnischer Gerätebau und die kombinierten Möglichkeiten (feinmechanisch-optischer, feinmechanisch-optisch-elektronischer Gerätebau) u. a. m. unter den Begriff „WGB“. Diese Tatsache fordert, daß die wissenschaftliche Disziplin WGB gemeinsame Züge aufweisen muß [18]. Folgende gemeinsame Züge haben sich herauskristallisiert:

- Auswertung und Nutzung der Erkenntnisse auf dem Gebiete der Meßtechnik und Metrologie,
- wissenschaftliche Ausnutzung der gesamten physikalischen Gesetzmäßigkeiten und aller naturwissenschaftlicher Erkenntnisse,
- Nutzung der neuen physikalischen Erkenntnisse zur Bildung neuer Grundkonzeptionen,
- Betreiben spezieller gezielter Grundlagenforschung,
- Nutzung der Erkenntnisse auf dem Gebiete der Werkstoffe,
- konsequente Anwendung der Statik und Festigkeitslehre im Konstruktionsbereich,
- Tendenz der Miniaturisierung der mechanischen, optischen und elektronischen Bauelemente und Baugruppen,

- Ausnutzung des Baukastenprinzips,
- konsequentes Einfließen der Regel- und Steuertechnik,
- volle Nutzung der Automatisierung und Datenverarbeitung,
- Abschätzung des jeweils notwendigen Genauigkeitsgrades,
- Abschätzung des jeweils notwendigen Automatisierungsgrades,
- Nutzung der Zuverlässigkeitstheorie,
- Mehrfachnutzung der Geräte und Geräteteile in verschiedenen Anwendungsbereichen,
- Betreiben weitgehender Applikationsforschung, angewandte und gezielt projektorientierte Forschung,
- Aufstellen prognostischer Zielstellungen unter Berücksichtigung der Entwicklung der Naturwissenschaften und der industriellen Technik.

An Beispielen der Entwicklung von Geräten läßt sich nachweisen, daß die Konstruktion eines Gerätes auf vorhandenen Informationen aufbauen muß [19]. In diesem Zusammenhange muß hervorgehoben werden, daß für den WGB der „information scientist" als Forscher neben dem Theoretiker und dem Experimentator stehen muß. Der „information scientist" hat nicht nur die Aufgabe einer Informationsanalyse, wie Sammeln, Auswerten und Nachweis von Informationen zu lösen, sondern vielmehr neues Wissen aus vorhandenem bzw. aus Dokumenten zu schöpfendem Wissen zu schaffen, damit vorgegebene Ziele schneller und moderner erreicht werden können [20].

4. Messen als Grundlage des WGB

Es kann nicht genug betont werden, daß das Messen als Grundlage jeder exakten Naturwissenschaft und jeder technischen Wissenschaft bzw. Disziplin eine Notwendigkeit für diese Wissenschaftsgebiete darstellt. Jede wissenschaftliche Arbeit in den genannten Bereichen bedeutet systematisches, reproduzierbares Messen, bedeutet Reproduzieren bestimmter, bei vorgegebenen Bedingungen verlaufender Vorgänge und deren Interpretationen [21]. Auf Grund dieser Feststellungen muß das Messen auch vorrangig als Grundlage für den WGB bezeichnet werden. Die wachsenden Erkenntnisse naturwissenschaftlicher und technischer Art fordern, daß die Verfahren zur Gewinnung, Verarbeitung und Auswertung der Meßinformationen kontinuierlich verbessert und rationalisiert werden, daß die „Meßtechnik" als eine wissenschaftlich technische Disziplin aus- und fortgebildet wird. Die enge Verknüpfung der Meßtechnik mit dem WGB führte bereits zu Gebieten, die dementsprechende Namen tragen (z. B. Längenmeßtechnik, Analysenmeßtechnik, Kernmeßtechnik, Lichtmeßtechnik, Lasermeßtechnik, optische Meßtechnik, astronomische Meßtechnik usw. [15, 22]).

Historisch hat sich die Meßtechnik nach physikalischen Prinzipien entwickelt, sie wird jedoch in ihrem modernen Wachstum mehr und mehr zu einer Disziplin mit einem für das gesamte Gebiet universell theoretischen Apparat, mit einer physikalischen bzw. energetischen Basis, mit einer für die gesamte Breite der Anwendungen universell gestaltbaren Gerätetechnik und Technologie und mit für alle Anwendungsgebiete geltenden Anwendungsprinzipien sowie damit verbundenen verfahrenstechnischen Grundlagen [23]. Als erster Grund für diese zwangsläufige Entwicklung muß angegeben werden, daß sich im Laufe der Entwicklung der Meßtechnik in der Tat eine dauernde, ansteigende Erweiterung ihrer Aufgaben vollzieht. Die klassische Aufgabe der Meßtechnik besteht im Erfassen von Zuständen, die durch physikalische Meßgrößen charakterisiert sind. Technisch erfolgt dieser Prozeß durch Wandlung der Meßgröße in das Ausgangssignal einer Meßeinrichtung, wobei sowohl Information als auch Energie übertragen werden. Die Meßgröße ruft am Meßfühler ein Signal hervor, dessen Informationsparameter die Abbildungsgröße ist. Sie wird durch Meßumformer in für den Menschen erkennbare oder technisch verwertbare andere Abbildungsgrößen umgewandelt. Dieser Aufgabe der Meßtechnik fügt sich eine weitere an und zwar das Erfassen von Eigenschaften (Identifikationen), die durch Kennwerte gekennzeichnet sind. Bei gleichem technischen Ablauf des Meßvorganges ergibt sich im Unterschied zur Aufgabe des Erfassens von Zuständen für das Erfassen von Eigenschaften, daß nicht die Ausgangsgröße Ziel der Untersuchung ist, sondern die Ermittlung der Kennwerte der Meßeinrichtung aus der Kenntnis der Eingangs- und Ausgangsgrößen. Schließlich muß noch eine, der Meßtechnik bedingt zuordenbare Aufgabe genannt werden, die sich durch die Verknüpfung der Meßtechnik mit der Regelungstechnik ergibt, nämlich die Ermittlung der Ausgangsgröße (Regelgröße) bei Kenntnis der Eingangsgröße und der Kennwerte der Meßeinrichtung.

Ein zweiter Grund für das Entstehen einer geschlossenen Meßtechnik ist darin zu suchen, daß sich Naturwissenschaften und Technik in ständiger Weiterentwicklung befinden, wodurch notwendigerweise der erwähnten Verknüpfungen wegen auch eine Vergrößerung des Anwendungsfeldes der Meßtechnik bedingt ist.

Es muß jedoch noch ein dritter Grund für den entscheidenden Umschlag in der Entwicklung der Meßtechnik erkannt werden; die Einbeziehung der Meßtechnik in industrielle Prozesse durch die Automatisierung zwang dazu, eine geschlossene Meßtechnik zu konzipieren, denn eine hochentwickelte Meßtechnik ist eine notwendige Voraussetzung, weil die Meßeinrichtungen erstes und die Qualität bestimmendes Glied der Informationsverarbeitungsprozesse sind.

Die Einbeziehung industrieller Prozesse hat, der damit verbundenen und gestiegenen Kompliziertheit der zu steuernden Prozesse und der dazu notwendigen Systeme wegen, vor allem dazu geführt, daß sich auf dem Gebiete der Theorie der Meßtechnik der Übergang zu einer „stochastischen" Konzeption vollzogen hat bzw. vollzieht. Die Artenanzahl der Meßobjekte hat sich vergrößert; neue Charakteristika der zu erfassenden Meßgrößen und der auftretenden Störgrößen nach Art, Anzahl, Größe und zeitlichem Verhalten müssen beachtet werden. In Verbindung mit der Einführung adaptiver Steuer- und Regelungssysteme werden immer neue Meßgrößen in den Prozeß einbezogen. Die zu regelnden, d. h. zuerst zu messenden Prozeßführungsgrößen werden in Abhängigkeit von den Ausgangsgrößen der Verarbeitungsprozesse optimiert. Daraus ergeben sich notwendigerweise Forderungen nach neuen Meßfühlern und Meßmethoden, die aus der physikalischen Natur und dem dynamischen Verhalten der Meßobjekte, den statistischen Kenngrößen ihrer Signale, dem Charakter der Störeinflüsse und anderen beeinflussenden Größen abzuleiten sind. Daneben entstehen hohe Anforderungen bezüglich der Gleichzeitigkeit des Erfassens der Verarbeitung vieler, in Art und Größe unterschiedlicher Meßgrößen, ihrer mathematischen Verknüpfung und des automatischen Ablaufs der Meß- und Verarbeitungsprozesse. Zwangsläufig bilden sich zur Beherrschung der Probleme in der Meßtheorie neue Methoden heraus, die, teils auf dem wissenschaftlichen Vorlauf anderer Disziplinen aufbauend (vgl. die Meßstochastik und Meßdynamik), die Methoden der Informations- und Regelungstheorie benutzen. Ansätze für eine einheitliche Theorie, die die Beiträge der verschiedenen Disziplinen in einem einheitlichen Herangehen und einer gemeinsamen mathematischen Sprache verallgemeinert, sind zu erkennen, z. B. im Aufbau einer, das Anliegen der Meßtechnik berücksichtigenden Informationstheorie der Steuerung und Regelung. Auch aus systemtheoretischer Sicht sind gute Fortschritte erkennbar.

Die ursprünglich auf die verschiedenen Anwendungsgebiete orientierte Gerätetechnik wird zunehmend durch die wissenschaftliche Durchdringung ihrer Entstehungsphasen und durchgängige Standardisierung und Typisierung ihrer Elemente den Anforderungen der Anpassung an die zu steuernden Prozesse, an die Meßwertverarbeitungstechnik und an die rationelle Entwicklung und Fertigung gerecht. Die Effektivität der Informationssysteme in industriellen Prozessen wird schon in der Entstehungsphase entscheidend beeinflußt und zwar durch die Begründung der Daten des Systems, durch die zur Verfügung stehenden Mittel und deren Aufteilung, durch die gesammelten Erfahrungen mit ähnlichen Problemen, durch optimale Arbeitsorganisation, durch die materiell-technische Basis, durch die technische Ausrüstung des Betriebes bzw. der Arbeitsstelle, durch deren Technologie, durch die zur Verfügung stehenden EDV-Anlagen für wissenschaftliche Zwecke und zur Steuerung der

Produktion durch das wissenschaftlich-technische Informationssystem und andere Parameter.

Im Zusammenhange mit der Entstehungsphase muß man auf die „Fertigungs-Meßtechnik" nochmals gesondert hinweisen, weil diese für die Herstellung von Geräten eine besondere Rolle spielt [24]. Um das Problem der Gütesicherung optimal zu lösen, müssen Konstrukteure, Technologen und Gütekontrolleure die Grundlagen der Fertigungsmeßtechnik voll zu nutzen im Stande sein.

In der Fertigungs- und Verfahrenstechnik werden durch Zustandsänderungen von Stoff und Energie Erzeugnisse gefertigt. Diese Zustandsänderungen verlaufen in wiederkehrenden Prozessen, wobei es das Ziel ist, sie so zu lenken, daß sie zielgerichtet und ökonomisch verlaufen. Wie bereits geschildert, überwacht die Meßtechnik diese Prozesse und dient damit sowohl der Sicherung der Qualität der Erzeugnisse, aber auch der Entwicklung neuer Verfahren. Die geforderten, oft sehr engen Toleranzen und die Vielfältigkeit der Arten und Formen der Erzeugnisse stellen an die Meßtechnik, insbesondere an die Längenmeßtechnik, hohe Aufgaben.

Die Zahl der bei den Meßaufgaben anfallenden Meßdaten ist oft sehr groß und zeigt die steigende Tendenz mit der weiteren Entwicklung, insbesondere mit der wachsenden Automatisierung. Daher kann die Meßdatenverarbeitung bei großem Umfang der Meßdaten und bei geforderter schneller Bereitstellung der Ergebnisse und Korrekturwerte nur befriedigend gelöst werden, wenn der Einsatz der Datenverarbeitung gesichert ist [25].

Zusammenfassend zum Thema „Messen" läßt sich formulieren, daß als eine der wichtigsten Grundlagen des WGB die wissenschaftliche Meßtechnik bzw. Meßmethodik dient und zwar einschließlich solcher Probleme, die die prinzipiellen Grenzen der Meßmöglichkeiten betreffen, die Meßunsicherheit, die Fertigungstoleranzen, die Zuverlässigkeit der Meßinstrumente, die Anwendung neuer physikalischer Effekte in neuen Meßverfahren, informationstheoretische Verarbeitung von Meßdaten sowie die Einführung neuer Meßmethoden in Wissenschaft und Technik unter Einbeziehung der Auswirkungen auf die Technologie anderer Industriezweige.

5. Zuverlässigkeit aus der Sicht des WGB

Der Prozeß der Erhöhung der Kompliziertheit der Systeme bedingt einen steilen Anstieg der Anzahl der Systemelemente, bezogen auf die Basis einer technischen Konzeption. Im Ergebnis tritt eine Verringerung der „Systemzuverlässigkeit" durch Vergrößerung der Bauelementeanzahl ein. Nach den geltenden Vorstellungen ist in der Technik „Zuverlässigkeit" die Eigenschaft eines Systems oder Elements, unter definierten Umgebungs- und funktionsbedingten Beanspruchungen während einer vorgegebenen Zeitdauer unter Beibehaltung seiner Betriebskennwerte in vorgegebenen Grenzen bestimmten Forderungen an seine Funktionen zu entsprechen. Diese Eigenschaft technischer Systeme ist seit Jahrzehnten Gegenstand wissenschaftlicher Untersuchungen mit dem Ziel, Zuverlässigkeit quantitativ zu erfassen und im notwendigen Maße zu realisieren [26]. Die Zuverlässigkeit von Systemen wird aus apparativer bzw. struktureller Sicht durch die Zuverlässigkeit der Elemente, die Anzahl und die Typen der Elemente, ihrer physikalisch-technischen Parameter, ihrer strukturellen Anordnung und die Beanspruchungsbedingungen beeinflußt. Dieser Aspekt der Zuverlässigkeit ist Gegenstand der „klassischen" Zuverlässigkeitstheorie.

Auf der Grundlage dieser „klassischen" Zuverlässigkeitstheorie wird versucht, durch Erhöhung der Elementezuverlässigkeit, Parallelredundanz, Unterbelastung und vorbeugende Instandhaltung die Systemzuverlässigkeit zu erhöhen [21]. Die Grenzen der „klassischen" Zuverlässigkeitskonzeption sind absehbar, denn: a) Erhöhung der Elementezuverlässigkeit bedingt größere Aufwendungen und Kosten; b) physikalisch-technisch ist der Bauelementezuverlässigkeit eine Grenze gesetzt; c) die angewandten Methoden der Parallelredundanz basieren auf Vergrößerung der Anzahl der Elemente bei prinzipiell gleicher Struktur des Systems; d) vorbeugende Instandhaltungen berufen sich ebenfalls auf die konventionellen Vorstellungen der Erhöhung der Systemzuverlässigkeit durch Erhöhung der Elementezuverlässigkeit. Es ist daher die Aussage berechtigt, daß das Problem Zuverlässigkeit aus technischer Sicht mit den klassischen Methoden nicht grundsätzlich lösbar sein wird. In der Vergangenheit ist die Frage Zuverlässigkeit praktisch als rein technisches bzw. technisch-ökonomisches Problem angesehen worden, nicht als allgemeines gesellschaftliches Problem mit sozialen und philosophischen Aspekten. Man überließ die Lösung des Problems Zuverlässigkeit als eine technisch-ökonomische Optimierungsaufgabe den einzelnen Industrieeinrichtungen, wenn es sich nicht um Gebiete handelte, wo die Sicherheit des Menschen (etwa bei der Luftfahrt oder beim Kernreaktorbau) bzw. andere übergeordnete Gesichtspunkte (z. B. bei der Raumfahrt) maßgebend waren und damit Zuverlässigkeit zum entscheidenden Qualitätsparameter wurde. Heute ist es keine Frage mehr, ob es ökonomisch ist, das Problem Zuverlässigkeit zu lösen. Ungelöste Zuverlässigkeitsprobleme führen zu ökonomischen Verlusten und Gefährdung von Gesundheit und Leben der Menschen. Darüber hinaus geben sie aber auch Auskunft über den wirklichen Stand der Forschung und Entwicklung, Technologie und Fertigung, der Organisation und Leitung in der Industrie. Der Einsatz von informationsverarbeitenden Systemen in der Volkswirtschaft mit dem Ziel der Erhöhung der Aggregatleistungen, der effektiveren Gestaltung von Prozeßabläufen sowie der Erschließung neuer Industriezweige (wie Kernenergetik, Verkehrswesen u. a.) setzt sich mehr und mehr durch und bedingt ihre hohe Zuverlässigkeit [27]. Dabei entstehende Systeme sind gekennzeichnet durch eine große Anzahl von Geräten, die Steuerungs- und Regelungsfunktionen übernehmen, welche bisher dem Menschen oblagen. In zunehmendem Maße erwerben solche Systeme Merkmale, die den komplizierten bzw. „Großen" Systemen eigen sind. Auf eine Reihe von Fragen der Zuverlässigkeit solcher Systeme gibt die klassische Zuverlässigkeitstheorie keine Antwort (z. B. Zuverlässigkeit von Mensch-Maschine-Systemen).

6. Biokybernetik und Bionik als Hilfsmittel für technische Weiterentwicklung

Zwischen der Biologie und der Technik steht das Grenzfachgebiet Bionik und Biokybernetik, die sich mit der Anwendung biologischer Kenntnisse in der Technik befassen [28]. Bionik und Biokybernetik sind beides Wissenschaftsgebiete, die Problemlösungen der organischen Natur auf technische Systeme zu übertragen versuchen. Die Vielzahl der dabei auftretenden möglichen Probleme bedingt eine Auswahl der Forschungsthemen unter den Gesichtspunkten Forschungsaufwand, quantitative und qualitative personelle Möglichkeiten, prognostische und technische Ziele und Vergleich mit der Leistung der verbesserten herkömmlichen Technik. Die Breite der möglichen Zielstellungen verlangt kooperative Zusammenarbeit von Biologen, Neurologen, Biophysikern, Physikern, Elektronikern und Regelungstechnikern, wenn die biologischen Prozesse zur Anregung etwa in automatischen Systemen oder zu anderen technischen Modellierungen nutzbringend Anwendung finden sollen.

Ganz besonders dürfte sich das Teilgebiet Zuverlässigkeit dazu eignen, ein bevorzugtes Thema der Bionik und der Biokybernetik zu werden, denn angesichts der bestehenden Probleme der Zuverlässigkeit technischer Systeme und bestimmter Leistungen biologischer Systeme sollten Untersuchungen gerecht fertigt sein, die die Frage beantworten, inwieweit die lebende Natur imstande ist, der Technik zu helfen, um über die Grenzen hinwegzukommen, die der „klassischen" Zuverlässigkeit gesetzt sind [21]. Insbesondere wird man deshalb Erfolge in dieser Forschungsrichtung erwarten können, weil einige Gebiete der technischen Kybernetik, wie die Automatentheorie und auf ihrer Grundlage die heutige konventionelle Rechentechnik, in ihrer Entstehung durch den Vergleich mit biologischen Systemen stark stimuliert worden sind. Die Aufgabe besteht also darin, inwieweit die vielfach propagierte Zuverlässigkeit biologischer Systeme auf technische Systeme übertragbar ist. Ansätze, diese Forschungsrichtung „Zuverlässigkeit" einzuschlagen, haben sich bisher als nützlich erwiesen. Man wird daher nicht mehr die Frage stellen, „ob sich die zukünftige

Technik des biologischen Bereiches bedient oder nicht, sondern in welchem Umfange sie es kann". Dieser Umfang wird bestimmt durch den Stand der biologischen Forschung, durch den Entwicklungsstand der „konventionellen" Technik und die Aufnahmebereitschaft für prinzipiell neue Lösungen, sowie vornehmlich durch die grundsätzlichen Unterschiede zwischen biologischen und technischen Systemen. Die Zuverlässigkeit biologischer Systeme beinhaltet zwei Aspekte, nämlich die Zuverlässigkeit des Funktionierens eines gegebenen funktionellen Systems und die Zuverlässigkeit der Erhaltung des Systems [29]. Da die technischen Systeme durch den Menschen zielgerichtet geschaffen und unterhalten werden und keiner selbsttätigen Entwicklung und Evolution unterliegen, interessiert der zweite Aspekt zunächst weniger. Der erste Aspekt kann, wie für technische Systeme, als eine Eigenschaft, die geforderten Funktionen unter bestimmten Bedingungen im Laufe festgelegter Zeit zu erfüllen, verstanden werden. Man darf sie als „Kurzzeit"-Zuverlässigkeit bezeichnen, ihre Charakteristika entsprechen denen komplizierter technischer Systeme wie Langlebigkeit, Stabilität der Effektivität, Stabilität normalen Funktionierens. Biologische Systeme verfügen im Gegensatz zu technischen Systemen über Kompensationsfähigkeit und über die Fähigkeit zur biochemischen Selbsterneuerung.

Aus den angeführten Gründen muß man zur Feststellung kommen, daß nicht erwartet werden kann, aus biologischer Grundlagenforschung unmittelbar technisch verwertbare Ergebnisse zu erhalten, vielmehr ist aus einer vielseitig zu stimulierenden biologischen Forschung, ausgehend von Anforderungen und Möglichkeiten der Technik, Landwirtschaft, Bildung, Gesundheitswesen, chemische und pharmazeutische Industrie sowie den inneren Entwicklungsgesetzen der Biologie, eine zielgerichtete Auswertung und Auswahl der Ergebnisse auf allen Kompliziertheitsebenen vorzunehmen. Ihre technische Verwertung wird sicher nicht unabhängig von schon bestehenden Konzeptionen bzw. von stimulierender Wirkung auf neue technische Richtung erfolgen (s. z. B. Theorie formaler Neuronen) [30].

7. Abschätzung der für den WGB notwendigen Forschungsgebiete

Die geschichtliche Entwicklung des WGB weist aus, daß in vorderster Front der Forschung für den WGB neben der Meßtechnik die physikalische Disziplin steht bzw. stehen muß, eine Tatsache, die auch in prognostischer Sicht in Rechnung zu setzen ist. Als Beispiel sei die Elektronenmikroskopie, also die Mikroskopie mit Materiewellen, als Fortsetzung der Lichtmikroskopie angeführt. Elektronenmikroskope entwickeln und herstellen heißt, die elektronenoptischen Gesetzmäßigkeiten und die hochvakuumtechnischen Möglichkeiten zu beherrschen. Die Forschungsarbeit des Physikers steht also im Vordergrund. Mit Hilfe der Elektronenmikroskopie dringt man in die Gebiete ein, in denen man große, organische Moleküle und Viren sehen kann, d. h., man gewinnt Einblick in die Struktur der Zellen. Auf die Mitarbeit der Chemiker und Biologen kann daher zwecks maximaler Durchkonstruktion der Elektronenmikroskope nicht verzichtet werden. Gleiche Betrachtungen in bezug auf die Zusammenarbeit der Wissensgebiete ergeben sich, wenn man die Weiterentwicklung von Geräten im ultraroten bzw. ultravioletten Spektralbereich ins Auge faßt. Mit derartigen Geräten kann man die Lösung neuer Strukturprobleme, die bequeme Bestimmung chemischer Gleichgewichte, die Feststellung unerkannter Fremdstoffbeimengungen, die Feststellung noch unbekannter Verbindungen, die Lösung ungelöster Fluoreszenz- und Phosphoreszenzfragen, sowie von biologischen und Entkeimungsfragen und Fragen der erweiterten UV-Therapie und -Dosimetrie erwarten. Die Fülle der auftretenden Forschungsprobleme der verschiedensten Art verlangt wiederum in erster Linie neben der Forschungsarbeit der Meßtechniker die Forschungsarbeit der Physiker, aber notwendigerweise auch die der Chemiker, Biologen, Mediziner, Mineralogen und die von Forschern anderer Wissenschaftsdisziplinen.

Es ist in diesem Zusammenhang bemerkenswert festzustellen, daß es praktisch umgekehrt kein physikalisches Forschungsgebiet mehr gibt, welches ohne die Arbeit des Physikers im WGB Fortschritte in experimenteller (und damit auch in theoretischer) Sicht und neue Erkenntnisse ansammeln kann. Als Beispiel sei das Gebiet Festkörperphysik genannt, weil dieses Gebiet in der jetzigen Phase als eines der wichtigsten angesehen werden muß, sowohl in der Auswirkung auf die Grundlagenforschung als auch in der Sicht der industriellen, praktischen Nutzung. Es müssen neben elektrischen, photoelektrischen, magnetischen, mechanischen, thermischen und optischen Messungen sowie Röntgen- und Lumineszenzmessungen solche auf dem Sektor Elektronenmikroskopie, Absorptionsspektroskopie, Elektronenbeugung, Lichtmikroskopie, MÖSSBAUER-Spektroskopie, Emissionsspektroskopie, Neutronenbeugung u. a. durchgeführt werden.

8. Feingerätetechnik und Feinwerktechnik als Teilgebiete des WGB

Zum Gesamtgebiet der Technischen Wissenschaften, in die der WGB einzuordnen ist, zählen auch die Disziplinen Feingeräte- und Feinwerktechnik, zwei wissenschaftliche Disziplinen, die zweckmäßig mit der Disziplin WGB verquickt werden [31], weil die wissenschaftlichen Grundlagen für alle drei Zweige die gleichen sind. Wie in der Definition des Begriffes „WGB“ zum Ausdruck kommt, haben auch Feingeräte- und Feinwerktechnik die Aufgabe, zur Förderung der Arbeitsproduktivität in Naturforschung und in Technik wirksam zu werden, wobei der Hauptblick der Feingeräte- und Feinwerktechnik in die industrielle Sphäre gerichtet ist. In den kommenden Jahren, wenn der WGB notwendigerweise außer seinen Meßmittelfunktionen mehr und mehr Produktionsmittelfunktionen übernehmen muß, werden sich die Begriffe WGB, Feingeräte- und Feinwerktechnik praktisch verwischen. In der jetzigen Phase lassen sich Feingeräte- und Feinwerktechnik als Disziplinen verstehen, die die Präzisionstechnik beinhalten und sich wesentlich konzentrieren auf Probleme, die in wachsendem Maße in den modernsten Industriezweigen zur Ausstattung der Produktionsprozesse und der produktionsvorbereitenden Entwicklungsprozesse, vor allem auch in der Konsumgüterproduktion, charakterisiert durch große Stückzahlen (Uhrentechnik, elektronische Geräte, Amateur-Photographie, Telegraphie-Geräte), zu lösen sind. Die Entwicklungstendenzen der beiden Gebiete können in folgender Richtung gesehen werden [32]:

— zunehmende Präzision, der Erzeugnisse auf der Basis der Meßtechnik,
— Steigerung der Zuverlässigkeit der Erzeugnisse,
— Nutzung der modernsten Verfahren der Produktionsvorbereitungen,
— Miniaturisierung der Systeme.

Besonders die Miniaturisierung spielt in der Feinwerktechnik eine interessante Rolle, denn durch Verkleinern der Abmessungen ändern sich oft auch andere Eigenschaften der Einzelteile und Geräte, so daß sich aus der Veränderung des Maßstabes selbst bei geometrisch ähnlichen Teilen das Wesen der feinwerktechnischen Konstruktionen oftmals nicht erklären läßt. Man hat die Feinwerktechnik gelegentlich auch als eine Art „miniaturisierten Maschinenbau“ bezeichnet [33].

9. Verknüpfungstendenzen des WGB mit Steuer- und Regelungstechnik und automatischer Datenverarbeitung

In der modernen Betriebstechnik spielt die Steuer- und Regelungstechnik eine wachsende Rolle, so daß eine exakte Kenntnis über die Möglichkeiten und Grenzen vor allem in Produktionsprozessen bekannt sein muß. Unter Regeln versteht man, den vorgegebenen Wert einer Größe, der sogenannten Regelgröße, welche ohne Regelung in nicht erwünschter Weise veränderlich wäre, selbsttätig (oder von Hand) herzustellen und aufrechtzuerhalten. Beim Regelprozeß wird die Regelgröße laufend durch Eingriff auf der Grundlage von Messungen der entsprechenden Größe beeinflußt. Wiederum ist daher die Meßtechnik die erste Stufe des Gesamtprozesses. Entsprechend des Wirkungsablaufes, der jeder Regelung zu Grunde liegt und in einem geschlossenen Kreis verläuft, spricht man von einem Regelkreis, der aus Regelstrecke und Regler besteht. Mit dem Begriff Regelung darf der Begriff Steuerung nicht verwechselt werden. Regelung und Steuerung unterscheiden sich durch ihren Wirkungsablauf. Während sich die Regelung immer in einem „geschlossenen Wirkungsablauf" vollzieht, ist die Steuerung durch einen „offenen Wirkungsablauf" gekennzeichnet.

Als eine Tendenz, der größte Bedeutung im WGB zugemessen wird, muß man die immer stärker werdende Anwendung von Analysenmeßgeräten in Verbindung mit der Steuer- und Regelungstechnik ansehen. Besonders in der chemischen und petrochemischen Industrie mit ihren komplizierten Verarbeitungsanlagen muß mit größtem Nutzen in bezug auf Durchsatz und Ausnutzung des Rohmaterials gearbeitet werden. Die bisher praktisch alleinige Methode der Prozeßkontrolle, die „sekundären Variablen" (Temperatur, Druck usw.) beim Ablauf des Prozesses zu kontrollieren bzw. zu regeln und die Qualität der Endprodukte laboratoriumsmäßig in Abständen zu überprüfen, ist ökonomisch in vielen Fällen nicht mehr vertretbar. Die laufende Kontrolle der Produkte durch Einschaltung von Analysenmeßgeräten in den Fertigungsprozeß macht sich in steigendem Maße notwendig.

In diesem Zusammenhange spielt die Weiterentwicklung der Prozeßrechner eine entscheidende Rolle. Die Vereinigung einer Meßwerterfassungsanlage mit einem Digitalrechner führte bekanntlich zum Prozeßrechner, wobei Vorteile zu erreichen waren, wie freie Programmierbarkeit der Zentraleinheit, Projektierbarkeit der Einrichtungen zur Prozeßeingabe und -ausgabe, variable Kombinierbarkeit der Datenverarbeitungsperipherie und reichhaltiges Sortiment peripherer Geräte [34]. Die Prozeßrechner erfassen Meßwerte, die den Ablauf der Prozesse charakterisieren, und sollen eine optimale Einstellung von Sollwerten an Regelorganen bewirken. Die zu überwachenden und zu regelnden technischen Prozesse sind durch eine Anzahl von Parametern gekennzeichnet, die im Sinne gegebener Zielfunktionen überwacht, geordnet und verändert werden müssen. Solche Parameter sind z. B. Druck, Durchflußmenge, Temperatur, Viskosität, Leitfähigkeit und Konzentration, also stoffspezifische Größen (in vielen Prozessen als „sekundäre Variable" in bezug auf das Endprodukt bezeichnet) [35]. Der bisherige Einsatz von Prozeßrechnern erfolgte in starkem Maße zur Produktionssteuerung und -überwachung im Maschinenbau, in der metallverarbeitenden Industrie, in der Elektrotechnik, in der Petrolchemie, in der Zementindustrie und in Kernkraftanlagen. Wie bereits erwähnt, benötigt man jedoch mehr und mehr besonders in der chemischen Industrie die stoffspezifische Analyse als Parameter für die Prozeßsteuerung, also die Nutzung der analytischen Meßmethoden der Chemie [36]. Die auf dem Analysengebiet erzielten Fortschritte stimulieren die Anwendung der Prozeßsteuerung, verlangen jedoch eine neue Qualität bei ihrer Anwendung. Stimulierende Wirkung in Richtung Prozeßsteuerung kann insbesondere von der Prozeß-Chromatographie ausgehen, da die Chromatographie, vornehmlich die Gaschromatographie, als bevorzugt zur Automation geeignet, hohe Meßgenauigkeiten zuläßt. Mit Hilfe der Gaschromatographie können Analysen im Konzentrationsbereich von 10^{-5} bis 100% durchgeführt werden, wobei die Probe in bis zu 1000 chemische Individuen zerlegt werden kann. Bereits um 1952 begann man mit den Automatisierungsvorhaben der Gaschromatographie. Außer der automatischen Probengabe fiel dem Gaschromatographen bald die Aufgabe zu, die Chromatogramme selbsttätig auszuwerten (in Nutzung befindliche Prozeß-Gaschromatographen vgl. [37]).

Diese spezielle Betrachtung über die Verknüpfung des WGB mit der Prozeßrechentechnik regt zu allgemeineren Hinweisen an, die die Verknüpfungstendenz des WGB mit der elektronischen Datenverarbeitung betreffen, denn eine Datenverarbeitung im allgemeineren Sinne wird immer dann notwendig sein, wenn aus irgendeiner Aufgabe im Verlauf ihres Lösungsprozesses Daten anfallen, die die Lösung dieser Aufgabe bestimmen und dazu gegebenenfalls über logische Zusammenhänge miteinander zu einer kennzeichnenden Form der Aussage verknüpft werden müssen. Daten sind dabei als manipulierungsfähige Elemente zur Quantifizierung von Aussagen zu verstehen,

— sie dienen der quantitativen Mengenbestimmung, indem sie als Zahlen die Abzählbarkeit ermöglichen, also das „Maß" der Menge zu ermitteln gestatten,
— sie dienen als dimensionsbehaftete Größen der Maßbestimmung im Sinne des „Messens",
— sie sind als zweiwertige logische Alternativaussagen Charakteristika von Entscheidungen, die durch Verknüpfungen Entscheidungen einer höheren Ordnung aufbauen (hierbei kann der Maßbegriff in einer weitgehenden Verallgemeinerung angewendet werden).

Man darf zur Aussage kommen, daß bei allen organisiert ablaufenden Prozessen die Gewinnung und Verarbeitung von Daten eine Grundvoraussetzung für das Funktionieren des zum Prozeß gehörigen Funktionssystems ist. Diese Aussage gilt für den vom Menschen gesteuerten Prozeß und in noch höherem Maße für den automatisierten Prozeß.

Die Stufen der Datenverarbeitung sind die folgenden:

1. An erster Stelle steht die Erfassung der Daten. Die Datenerfassung setzt voraus, daß man ein System zur Gewinnung von Daten besitzt. Wenn man auch der Meinung sein kann, daß dieser Teil der gesamten Datenflußkette nicht direkt der Datenverarbeitung zuzuordnen ist, so ergeben sich doch oft aus dem vorgesehenen Verarbeitungsweg für diese Daten Rückwirkungen auf

den zweckmäßigsten Gewinnungsmechanismus. Als Beispiel sei an die mikroskopische Ablesung von Maßstäben erinnert, die subjektiv, aber auch objektiv erfolgen kann, je nachdem, auf welchem Wege eine weitere Verarbeitung der Meßdaten vorgesehen ist.

2. Im allgemeinen beinhaltet die Datenerfassung eine Datenspeicherung und gegebenenfalls eine Datenverarbeitung für den nachfolgenden Verarbeitungsprozeß. Aus dem Teilsystem Datengewinnung-Datenerfassung leiten sich wichtige Aufgaben für eine Vereinheitlichung der Signalpegel und der Anschlußbedingungen her.
3. Der nächste Schritt besteht in der Verarbeitung der erfaßten Daten nach Formalismen bzw. Algorithmen. Dieser Schritt betrifft die eigentliche Zentraleinheit und die Programme für den Verarbeitungsprozeß. Hier tritt die Frage auf, in welchem Umfange zentralen Großrechenanlagen der Vorzug gegenüber spezialisierten Kleinrechnern zu geben ist.
4. Der letzte Schritt beinhaltet das, was unter Ergebnisdarbietung, Ergebnisanalyse und Entscheidung zu verstehen ist. In diesem Schritt prägt sich der Grad des durch die Datenverarbeitung angestrebten Fortschritts aus. Vom Standpunkt der Automatisierungstechnik muß zunehmend auf kybernetische Systeme orientiert werden, mit deren Perfektion erst die von der technischen Revolution angestrebte Herauslösung des Menschen aus dem Prozeß als funktionsnotwendiger Bestandteil zu vollziehen ist. Man denke hierbei etwa an die automatische Prozeßleitung nach vorgegebenen Entscheidungskriterien.

Man stößt an dieser Stelle auf eine dialektische qualitative Umwertung quantitativer Forderungen, die mit dem Ausscheiden des Menschen als Zentralfigur ablaufender Prozesse zusammenhängt. Man muß feststellen, daß in allen Fällen, in denen der Mensch aktiv und untrennbar in einem Prozeßablauf eingebaut ist, ihm die Funktion der Datenverarbeitung und der kybernetischen Rückwirkung bei dauernder Erhaltung der Optimalität des Prozesses zukommt. Das aber ist es gerade, was automatisiert werden muß, wenn den Anforderungen der technischen Revolution entsprochen werden soll. Der Mensch als Zentralfigur eines nicht oder nur teilweise automatisierten Prozesses verknüpft in seiner Funktion alle Teilabläufe des Prozesses und damit alle Teilaggregate, die die entsprechenden Funktionen leisten, zu einem System. Er vermag auf Grund seiner besonderen und komplexen Fähigkeiten dabei auch nicht optimal aufeinander abgestimmte Funktionen sinnvoll miteinander zu verknüpfen, obgleich auch hierbei durch Optimierung der Gesamtprozeß verbesserungsfähig ist. Ein automatisch ablaufender Prozeß, mehr noch aber eine Vielzahl rationeller Prozesse, die optimal ablaufen sollen und in ihrem Gesamtaufwand ökonomisch sein müssen, erfordern die Abstimmung ihrer Funktionselemente innerhalb des einzelnen Prozesses, aber auch untereinander mit einem Höchstmaß an Kompatibilität.

Diese Betrachtungen führen zwangsläufig zum Begriff des Systems und des Systemdenkens, das weitreichende Konsequenzen für die perspektivische Gesamtstruktur der nationalen Arbeitspotentiale in allen Bereichen besitzt und die Bildung neuartiger und unkonventionell zusammengesetzter Komplexe von Wissensinhalten und Umsetzungsformen verlangt. Wesentlich dabei ist, daß alle diese Komplexe notwendigerweise miteinander verflochten sein müssen.

Speziell auf die Belange des WGB eingehend, muß die Feststellung getroffen werden, daß sich in der Tat die gesamte moderne Geräteentwicklung in zunehmendem Maße elektrischer und elektronischer Mittel zur Erfassung, Speicherung, Umwandlung und Verarbeitung der Daten bedient [38]. Unter „Daten“ wird dabei die Gesamtheit aller zur Verarbeitung gelangenden Signale, Befehle Meßwerte, Rechenresultate usw. verstanden, gleichgültig, ob diese Daten vom Bediener des Gerätes manuell eingegeben oder von einer außerhalb des Gerätes befindlichen Informationsquelle in das Gerät übertragen oder im Gerät selbst, etwa durch Meßprozesse, erzeugt werden. Die Datenverarbeitung dient dabei vielfältigen Zwecken und Zielsetzungen und ist meistens mit der Automatisierung gewisser Gerätefunktionen oder Arbeitsoperationen verbunden, die dann im Gerät selbst ablaufen. Dazu gesellt sich die Zielsetzung, mit Hilfe der Datenverarbeitung eine wesentlich rationellere und beschleunigte Arbeitsweise mit den Geräten zu erreichen.

Diese Erkenntnisse haben dazu geführt, daß schon seit Jahren eine steigende Automatisierung insbesondere von Großgeräten im WGB als Aufgabe angesehen wird, wobei die Besonderheit dieser Aufgabe darin liegt, Vorgänge, vornehmlich Meßvorgänge, weitestgehend automatisch und wenn möglich vollautomatisch ablaufen zu lassen. Die Schnelligkeit, mit der derartige Automatisierungsvorhaben durchgeführt werden können, ist in erster Linie eine Funktion des Standes der Technik. In der Wechselwirkung zwischen Stand der Technik und Automatisierung muß man eines der charakteristischsten Kennzeichen der Automatisierungsproblematik erkennen, es besteht gewissermaßen eine Rückkopplungsfunktion. Die Automatisierung darf sich nicht ungesteuert entwickeln, sie bedarf einer besonders sorgfältigen Planung und Lenkung [39].

10. Prozeßarten

Für den WGB sind die Prozeßarten von großer Bedeutung. Vom Standpunkt der Kontinuität des Informations-, Energie- und Stoff-Flusses können zwei Arten von Prozessen unterschieden werden, einmal der kontinuierliche und zum anderen der diskontinuierliche. Die ersteren, kontinuierlichen Prozesse sind durch ununterbrochene Informations-, Energie- und Stoff-Flüsse gekennzeichnet. Ihre Eingangs- und Ausgangsgrößen sind durch stetige Funktionen verknüpft. Hingegen sind die diskontinuierlichen Prozesse durch unterbrochene Informations-, Energie- und Stoff-Flüsse gekennzeichnet. Ihre Eingangs- und Ausgangsgrößen sind im Zeit-Ort-Raum für definierte Zeitintervalle und Orte durch unstetige bzw. diskrete Funktionen verknüpft. Kontinuierliche Prozesse können Bestandteil diskontinuierlicher Prozesse sein [40].

11. Technische Produktionsvorbereitung

Um zu steigenden ökonomischen Ergebnissen auf dem Gebiete des WGB zu kommen, muß laufend grundlegenden Verbesserungen innerhalb der technischen Produktionsvorbereitung Aufmerksamkeit gewidmet werden. Durch die wissenschaftliche Durchdringung sowohl der Konstruktion als auch der Technologie müssen die Voraussetzungen für diese Aufgaben geschaffen werden. Es ist der Automatisierung von Meß-, Versuchs- und Prüfprozessen, der Anfertigung von Unterlagen für konstruktive und technologische Aufgaben, den Projektierungsaufgaben, der Steuerung industrieller Prozesse u. a. m. neben den „klassischen“ Aufgaben der Konstruktion und Technologie besonders vorrangige Bedeutung beizumessen.

Bei Betrachtung der „klassischen“ Aufgaben zeigt sich, daß sich bei den Konstrukteuren ein durch „Adaption mit der Praxis“ erworbener Erfahrungsschatz herausgebildet hat, der bei der Entwicklung neuer Erzeugnisse subjektiv wirken und zu einer Vielzahl individueller Konstruktionen führen kann. Das noch häufig praktizierte Prinzip der industriellen und subjektiven Konstruktion führte in der Vergangenheit zur Auffassung, daß die Konstruktion eine „Kunst“ in der Technik repräsentiert, und hat damit die Entwicklung einer Theorie der Konstruktion gehemmt. Die sich in der neueren Zeit herausbildende Konstruktionstheorie hat sich insbesondere mit den beim Konstruktionsprozeß ablaufenden Informationsverarbeitungsprozessen in Verbindung mit den vorauszudenkenden Konstruktionsobjekten zu beschäftigen. Die dazu anzuwendenden Theorien sind typisch kybernetische Kategorien, wie Informationstheorie, Algorithmentheorie, System- und Spieltheorie usw. Während es bis zur Herausbildung der genannten wissenschaftlichen Disziplinen in der Tat auch objektive Schwierigkeiten zur Entwicklung einer Konstruktionstheorie gab, sind heute alle wissenschaftlichen Voraussetzungen vorhanden, zu einer geschlossenen Konstruktionstheorie zu kommen.

Es ist verständlich, daß die aufgezeigte Problematik insbesondere für die Serienproduktion von Erzeugnissen des WGB Bedeutung hat. Die auftretenden, meist großen Stückzahlen erfordern eine durchrationalisierte technische Vorbereitung unter Nutzung der Datenverarbeitung. Die rechnergestützte Vorbereitung, Durchführung und Auswertung von Experimenten und der rechnergestützte Entwurf von Konstruktionselementen regen dazu an, Wissenschaftler und Ingenieure von Routinearbeit zu entlasten und menschliches Versagen einzuschränken, verlangen aber auch eine rechnergestützte technologische Vorbereitung der Produktion und eine Organisation der Produktion mit wissenschaftlichen Methoden als Voraussetzung für eine spätere rechnergestützte Produktion [41].

Optimale Konstruktionen sichert für die Zukunft allein die „automatische Konstruktion“. Algorithmisierung der Konstruktionsprinzipien, Nutzung der angewandten Mathematik bzw. Logik und der Datenverarbeitung werden eine Rationalisierung des gesamten Zeitfonds bedingen.

In die integrierte Datenverarbeitung sind, so muß komplex wiederholt zum Ausdruck gebracht werden, alle Bereiche der Fertigungstechnik einzubeziehen und zwar von der Konstruktion über die Technologie bis zum Produktionsprozeß und den Einrichtungen zur Kontrolle des Prozesses und zur Kontrolle des Endproduktes. Primitive Voraussetzung dazu ist, daß sowohl die Maschinen als auch die Kontroll- und Meßeinrichtungen den regelungstechnischen Forderungen genügen. Entwicklungen in dieser Richtung führten beispielsweise zu den numerischen Maschinen und bewegen sich zur Fortsetzung in Richtung der adaptiven Meßverfahren. Voraussetzung für die Automatisierung der Prozesse sind Regeln und Programme. Durch problemorientierte Programmiersprachen kann die Datenverarbeitung für die Erstellung der Informationsträger überhaupt erst rationell eingesetzt werden. Solche Programme sind schon weitgehend für Werkzeugmaschinen entwickelt und müssen für die Meßgeräte mit gleicher Konsequenz durchgeführt werden.

Man erkennt, daß die Datenverarbeitung eine Voraussetzung für die Automatisierung der Prozesse ist. Sie darf jedoch dabei nicht Selbstzweck sein. Sie erfüllt die volkswirtschaftlichen Aufgaben nur, wenn sie für die Steigerung der Produktivität und neue technisch-wissenschaftliche Lösungen eingesetzt wird.

In bezug auf Konstruktion und Technologie für den WGB muß man, folgend aus den angestellten Betrachtungen, zusammenfassend formulieren: Es ist die Umsetzung der Konzeptionen und Modelle in die gesellschaftliche Praxis und ihre Optimierung durchzuführen, womit die Tatsache in Verbindung steht, daß in der Konstruktion und Technologie höchste Anstrengungen notwendig sind, denn herkömmliche Mittel und Methoden reichen zur Erfüllung dieser Aufgabe nicht mehr aus. Die Fertigungsgerechtheit der Konstruktion erfordert Standardisierung, Typisierung und Wiederholteilverwendung in stärkstem Maße, also Verringerung der Zahl der Glieder der Elementkette unter Berücksichtigung der Wahl optimal wirkender Einzelelemente, wie Geräteteile und Baugruppen. Die Beschreibung der Konstruktion muß als einheitliches Ganzes erfolgen (z. B. Konstruktionssystematik (Bischoff, Bock, Hansen) [42] und die Einführung der Datenverarbeitung werden zu Bedingungen [43]).

Bei Betrachtung des Gesamtprozesses der Produktionsvorbereitung muß auch ein Blick auf die Verfahrensforschung geworfen werden. Es existiert heute kaum ein Gerät oder ein System, das keinen konkreten Anteil bzw. Beitrag aus dem Bereich der physikalischen, chemischen oder physiko-chemischen Verfahrensforschung besäße. Die Bedeutung der Verfahrensforschung erkennt man am besten an Beispielen, von denen einige aufgeführt seien:

— physikalische und physiko-chemische Forschung an Grenz- und Oberflächen einschließlich Feinbearbeitung optischer Oberflächen,
— physikalische und physiko-chemische-Verfahrensforschung an dünnen Schichten,
— Reproduktion von Präzisions-Mikrorasten, Mikroskalen sowie Anwendung photochemischer Prozesse,
— Polarisations- und doppelbrechende Filter,
— Plaste mit funktionsbestimmenden Eigenschaften,
— Verbundprozesse optischer und nichtoptischer Oberflächen,
— Grundfragen der Gleitung und Reibung,
— Grundlagen für Veredelungsprozesse von Werkstoffen,
— physikalische, chemische und technologische Werkstoffprüfung u. a. m. [44].

Die angedeuteten, konsequent zu lösenden Probleme in bezug auf die technische Produktionsvorbereitung, vornehmlich für den WGB gültig, können zusammenfassend in kurzer Form ausgedrückt werden: Die Hauptaufgabe zur Schaffung des wissenschaftlichen Vorlaufs auf dem Gebiet der Rationalisierung der technischen Produktionsvorbereitung besteht darin, die empirische Denk- und Arbeitsweise in Konstruktion und Technologie auf der Grundlage der Erkennbarkeit der Prozesse in eine theoretische fundierte, rationale und den wirtschaftlichen Verhältnissen optimal angepaßte zu überführen.

12. Bedeutung prognostischer Arbeit

Die Formulierungen, die die Bedeutung des WGB für Wissenschaft und Technik beinhalten, fordern die prognostische Erarbeitung von Proportionen der einzelnen Forschungs- und Anwendungsgebiete unter Berücksichtigung der komplexen prognostischen Aufgaben der informationsverarbeitenden Industriezweige, des WGB und der Datenverarbeitung; denn der WGB hat einen ausgesprochen perspektivischen Charakter. Er muß die naturwissenschaftlichen und technischen Bedürfnisse der Zukunft befriedigen und benötigt daher eine prognostische Einschätzung der Entwicklungstendenzen der zu versorgenden Gebiete über mehrere Jahre hinweg, mit anderen Worten: Der WGB benötigt einen wissenschaftlich-technischen Vorlauf. Der wissenschaftlich-technische Vorlauf darf nicht nur streng auf speziell zu entwickelnde Geräte gezielt sein, muß vielmehr eine starke Breitenwirkung besitzen. Diese Forderung bedeutet, daß der WGB durch Erkundung, Überprüfung und Aufbereitung aller neuen naturwissenschaftlich-technischen Erkenntnisse sowie durch die bereits erwähnte eigene gezielte Grundlagenforschung das notwendige Informationsreservoir erarbeiten muß, um das zugehörige wissenschaftlich-technische Potential und die entsprechenden Technologien zu schaffen, damit auch jeweils der modernste Stand der Gerätetechnik gewährleistet ist bzw. gewährleistet werden kann.

Aus den Betrachtungen folgt,

- daß der notwendige wissenschaftlich-technische Vorlauf keine innere Angelegenheit des WGB allein sein kann, sondern Zusammenarbeit mit Forschungsstellen und anderen Industriezweigen fordert,
- daß dem Gebiet der Wissenschaftsorganisation größte Aufmerksamkeit gewidmet werden muß, speziell den Methoden zur Erhöhung der Effektivität in Forschung und Entwicklung [45] und
- daß der Produktplanung und der Produktentwicklung eine entscheidende Rolle zuerkannt werden muß [46].

Den erwähnten Punkten muß entsprechend des schnellen Wachstums von Wissenschaft und Technik selbstverständlich auch wachsende Aufmerksamkeit gewidmet werden. Diese Aussage bedeutet jedoch nicht, daß in früheren Jahren ihre Wichtigkeit nicht erkannt worden wäre. An Hand charakteristischer Entwicklungen im feinmechanisch-optischen Gerätebau der vergangenen Jahre soll zum Nutzen einer schnellen Weiterentwicklung gezeigt werden, daß beispielsweise dem wissenschaftlich-technischen Vorlauf und der interdisziplinären Zusammenarbeit größte Aufmerksamkeit gewidmet worden ist: Durch die Theorie der kohärenten Abbildung sowie durch Beiträge zur geometrisch-optischen Abbildung (Sinusbedingung, Blendenlehre, Achromasie, Apertur und Auflösungsvermögen), zur Refraktometrie (Anwendung der Totalreflexion) und zur technischen Längenmessung (Komparatorprinzip) hat bereits ABBE die wissenschaftlichen Grundlagen für den feinmechanisch-optischen Gerätebau geschaffen und den technischen Vorlauf durch Erschmelzung neuer Glastypen mit starker Brechung und geringer Dispersion gemeinsam mit OTTO SCHOTT realisiert. Bis zum heutigen Tage bilden ABBES wissenschaftliche Arbeiten die Grundlage neuer Erkenntnisse und neuer Geräteentwicklungen. Die konsequente Verfolgung des notwendigen Weges vom wissenschaftlichen Vorlauf führte in den folgenden Jahren zu weiteren Grundlagen der Feinmechanik-Optik, z. B. zum EPPENSTEINschen Prinzip der Längenmeßtechnik und zum Stereokomparatorprinzip nach PULFRICH. Für die Zusammenarbeit in der wissenschaftlich-technischen Vorlaufforschung können ebenfalls interessante Beispiele aufgeführt werden: Die von ABBE angegebenen neuen Wege im Mikroskopbau wurden teilweise in Zusammenarbeit mit der Royal Microscopical Society verfolgt; das erste automatische photogrammetrische Zweibildkartiergerät der Welt, der Stereoautograph, entstand 1914 in Zusammenarbeit zwischen PULFRICH und VON OREL, Wien; der schwedische Augenarzt und Optiker GULLSTRAND wirkte bis etwa 1930 sehr stark auf die Entwicklung der Ophthalmologie ein; auf dem Feinmeßsektor bestand enge Zusammenarbeit ab 1924 zwischen EPPENSTEIN und G. BERNDT vom Institut für Meßtechnik und Austauschbau der damaligen TH Dresden (Interferenzkomparator nach KÖSTERS und Ausbau des Drei-Draht-Meßverfahrens bei der Gewindemessung u. a.). Nach 1945 wurde der wissenschaftlich-technische Vorlauf, aufbauend auf den alten Jenaer Traditionen, besonders auf den Gebieten Optik, Elektronenoptik, Analysenmeßtechnik, Festkörperphysik u. a. fortgesetzt, wovon einige Beispiele aus den sechziger und Anfang der siebziger Jahre zeugen sollen:

- Darstellung der geometrisch-optischen Aberrationen (TIEDEKEN)
- Spiegelmikroskopie (RIESENBERG)
- Ausbau und Rationalisierung der Berechnungsmethoden optischer Systeme mittels Rechenautomaten OPREMA und ZRA 1 (KÄMMERER, KORTUM, STRAUBE)
- Moderne Hochleistungsoptiken durch Untersuchung der Übertragungseigenschaften (HÄUSER, REICHEL, SCHILLING, ZÖLLNER)
- Dezentrierungsprobleme (HOFMANN, NOTNI, SCHUCH)
- Asphärische, Faser-, FRESNEL- und Kunststoffoptik (HOFMANN, NAUNDORF, MINKWITZ, REICHEL, RUDOLPH, TIEDEKEN)
- Erweiterung der Sinus- und HERSCHEL-Bedingung für Abbildung ohne konstantes Eikonal (HOFMANN)
- Interphakoverfahren (BEYER, SCHÖPPE)
- Universal-FABRY-PEROT-Spektrometer (HESSE)
- Optik dünner Schichten (Synthese von Schichtstrukturen) (POHLACK)
- Achromasiebedingung für Interferenzschichtsysteme (POHLACK)
- Elektronenoptische Linsen (HAHN)
- Festkörperphysik, optische Medien (BERNHARDT, BOLLMANN, GÖRLICH, KARRAS, KÖTITZ, MOTHES, RAUCH, ULLMANN).

An Hand der Problematik des wissenschaftlich-technischen Vorlaufs kommt wiederum die starke naturwissenschaftliche Durchdringung des WGB zum

Ausdruck. Die Zielstellung des WGB, wissenschaftliche Meßgeräte für Forschung und Technik zu entwickeln, ist keinesfalls nur rein technisch-konstruktiver Art wie in den meisten Industriezweigen, sondern ausgesprochen naturwissenschaftlich orientiert. Es findet keine bloße technische Aufarbeitung vorhandener wissenschaftlicher Erkenntnisse, sondern eine schöpferische wissenschaftliche Verarbeitung der Ergebnisse der Grundlagenforschung zu speziell Neuem statt. Durch eigene Erkundungs-, zielgerichtete Grundlagen- und Applikationsforschung hat der WGB schöpferische Leistungen zu vollbringen, ohne die der WGB nicht in der Lage sein könnte, neue Ergebnisse von Naturwissenschaft und Technik in neue Geräte umzusetzen. Der Vorlaufcharakter des WGB für Naturwissenschaft und Technik und seine übrigen stark naturwissenschaftlichen Aspekte machen ihn immer stärker zu einem verbindenden Grenzgebiet, einem aktiven Mittler zwischen Naturwissenschaft und Technik mit neuem Charakter, und daher muß konsequente prognostische Arbeit gefordert werden.

Aus den geschilderten Gründen ergeben sich prinzipielle Hauptpunkte in der Zusammenarbeit zwischen Physik und Technik, die sich allgemein formulieren lassen in etwa folgender Form [47]:

— die physikalische Forschung muß sich auf weitestgehende technische Nutzung konzentrieren,
— die physikalische Forschung muß sich ihrerseits umgekehrt über die konsequente Anwendung technisch-wissenschaftlicher Ergebnisse orientieren und darauf stützen,
— zwischen physikalischer und technischer Forschung muß sich engste Zusammenarbeit immer konsequenter weiterbilden,
— die Entwicklungstendenzen der beiden Forschungsgebiete müssen laufend gemeinsam formuliert werden,
— die konkreten eingeschlagenen Detailrichtungen sind ständig in ihrer Wirksamkeit für beide Forschungsrichtungen zu überprüfen und
— Standardisierungsfragen im Sektor technischer Forschung sind konsequent durchzuführen [48].

LITERATUR

[1] Vgl. W. GERLACH, Kepler u. die „Kopernikanische Wende", in: Kepler Festschrift 1971, Naturwissenschaftl. Verein Regensburg; P. GÖRLICH, Betrachtungen über den Wissenschaftlichen Gerätebau, Situngsber. Sächs. Akad. Wiss. (math.-naturwiss. Klasse) Bd. **110**, Heft 4 (1973); Kepler u. seine Beziehungen zur Optik, Sitzungsber. Plenum und Klassen der Akad. Wiss. der DDR, Jahrgang 1972 Nr. 12, Akademie-Verlag. Berlin 1973; Kepler's Optical Achievements, Vistas in Astronomy, Vol. 18 (ed. by A. BEER and P. BEER), Pergamon Press 1975.

[2] Siehe H. BOEGEHOLD, Z. ophthal. Opt. **31** (1943) 69; L. OTTO, Mikroskopie **21** (1966) 306; S. A. BEDINI, Appl. Optics **5** (1966) 687.

[3] H. MICHEL, Messen über Zeit und Raum. Chr. Belser Verlag, Stuttgart 1965.

[4] Vgl. z. B. R. VIEWEG, Maß und Messen in kulturgeschichtlicher Sicht. Beiträge zur Geschichte der Wissenschaft u. Technik, Heft 4, Franz Steiner Verlag GmbH., Wiesbaden 1962.

[5] Vgl. z. B. E. PADELT u. H. LAPORTE, Einheiten u. Größenarten der Naturwissenschaften. VEB Fachbuchverlag, Leipzig 1964.

[6] E. ABBE, Max Schultzes Arch. mikrosk. Anat. **9** (1873) 413.

[7] P. GÖRLICH, Feingerätetechn. **14** (1965) 193; L. OTTO, Wiss. Z. Humboldt-Universität, math.-nat. Reihe **17** (1968) 793; H. BEYER, Feingerätetechn. **22** (1973) 147; C. HOFMANN u. H. ZÖLLNER, Feingerätetechn. **22** (1973) 151.

[8] P. GÖRLICH, H. LUCAS u. R. TIEDEKEN, VEB Carl Zeiss Nachrichten 9. Folge, Heft 4/5 (1962) 135; vgl. auch Optik und Spektroskopie aller Wellenlängen, Akademie-Verlag, Berlin 1962, S. 11; H. GAUSE and P. GÖRLICH, Microscope **18** (1970) 147.

[9] Vgl. P. GÖRLICH, Vorträge und Schriften, Deutsche Akad. Wiss. Berlin 1960, Heft 66; Leipziger Universitätsreden, neue Folge, Heft 20 (1961).

[10] M. VON ROHR, Zur Geschichte der Zeissischen Werkstätte bis zum Tode Ernst Abbes. Sonderabdr. aus den Forschungen zur Geschichte der Optik, Bd. 2, Jena 1936; P. G. ESCHE, Ernst Abbe. B. G. Teubner Verlagsges., Leipzig 1963; H. BOEGEHOLD, Ernst Abbe, Geschichte der Mikroskopie, Bd. 1 Biologie, Umschau Verlag, Frankfurt/Main 1963; H. GAUSE u. P. GÖRLICH (Abbe) Jenaer Jahrb. (1966) 19; H. GAUSE (Ambronn) Jenaer Jahrb. (1965) 7; H. GAUSE (Czapski) Jenaer Jahrb. 2. Teil (1961 273; H. ZÖLLNER (Rudolph) Jenaer Jarhb. 2. Teil (1958) 19; F. MANEK (Pulfrich) Jenaer Jahrb. 2. Teil (1960) 327; H. BOEGEHOLD u. E. WANDERSLEB (Eppenstein) Jenaer Jahrb. (1956) 7; H. BOEGEHOLD (Köhler) Jenaer Jahrb. (1951) 1; P. GÖRLICH (Straubel) VEB Carl Zeiss-Nachr. 9. Folge,

Heft 8 (1966) 55; H. Bernhardt (Boegehold) Jenaer Jahrb. 1. Teil (1961) 7; A. Sonnefeld (Boegehold) Jenaer Jahrb. 1. Teil (1961) 19; H. Gause (Siedentopf) Jenaer Jahrb. (1969/70) 57.

[11] E. Buchwald, Das Doppelbild von Licht u. Stoff, Fachverlag Schiele u. Co., Berlin 1950.

[12] P. Görlich in Verhandlungen der Gesellschaft Deutscher Naturforscher und Ärzte, Springer-Verlag, Berlin—Heidelberg—New York 1965, S. V.

[13] Eine ausführliche Darstellung vgl. P. Sitte, Verh. Ges. Deutscher Naturf. u. Ärzte 1972, Springer-Verlag, Berlin—Heidelberg—New York 1973, S. 12.

[14] Vgl. z. B. die Ausführungen P. Görlich, Feingerätetechn. **12**, 484 (1963).

[15] Vgl. zusammenfassende Literatur zur Wirkungsweise des WGB: H. Beyer, Theorie und Praxis der Interferenzmikroskopie, Techn.-Phys. Monogr., Bd. 29, Akad. Verl. Ges. Geest & Portig K.-G., 1974; Z. Naray, Laser und ihre Anwendungen, dto., Bd. 31, 1976; R. Bernst, Werkstoffe im wissenschaftlichen Gerätebau, dto., Bd. 32, 1975; H. Moenke u. C.-J. Nötzold, Analytik für den Umweltschutz, dto., Bd. 24, 1977; Autorenkoll., Vakuumphysik u. -Technik, dto., Bd. 36, 1978; W. Biermann, Feingerätetechn. **27** (1978) 242; K. Bechstein u. K. Sumi, Feingerätetechn. **29** (1980) 81.

[16] P. Görlich, Feingerätetechn. **12**, 484 (1963); Ch. Hofmann, Feingerätetechn. **17**, 341 (1968); P. Görlich, Sitzungsber. Sächs. Akad. Wiss. (math.-naturwiss. Klasse), Bd. **110**, Heft 4 (1973); Öff. Sitzung Sächs. Akad. Wiss., Sonderdr. aus „Im Dienste produktiven Schaffens“, Akad.-Verl., Berlin 1977, S. 83.

[17] H. Faulstich, G. Lotz u. H. Müller, Spektrum, Mitt. Bl. d. AW d. DDR **14**, 221 (1968).

[18] P. Görlich, Instr. Rev. **11**, 482 (1964); P. Görlich u. H. Pohlack, Feingerätetechn. **18**, 435 (1969).

[19] P. Görlich u. W. Falta, Acta Leopoldina (3) Heft 8/9 (1962/63) S. 203.

[20] D. E. Sechurin, Wiss.-techn. Inform. (russ.) **5**, 5 (1971) Serie 1.

[21] P. Görlich u. W. Skarus, msr **16** (1973) 194.

[22] P. Görlich, Feingerätetechn. **10** (1961) 438; dto. **13** (1964) 391; Appl. Optics **2** (1963) 1069; Vorträge Jahreshaupttagung Phys. Ges. der DDR (1976) 10; L. Böhme, Feingerätetechn. **27** (1978) 194; P. Görlich u. A. Jensch, Astronom. Nachr. **300** (1979) 269; H. Nickel u. a., Jenaer Rundsch. **24** (1979) 199.

[23] P. K. Stein, msr **11** (1968) 290; D. Hofmann, msr **12** (1969) 87; K. Rathmer, messtechnik **77** (1969) 221; P. Görlich u. W. Skarus, msr **13** (1970) 172; K. Eckert, Elektrie **26** (1972) 71; J. H. Beckers, VDI-Zeitschr. **114** (1972) 173; D. Hofmann u. G. Ehlert, Feingerätetechn. **22** (1973) 15; G. Jäger, Feingerätetechn. **22** (1973) 27; L. Finkelstein msr **16** (1973) 201; Buchliteratur: R. Roeber, Meßeinrichtungen für die automatische Überwachung, Regelung und Steuerung. Bd. 34. Reihe Automatisierungstechnik, VEB Verlag Technik, Berlin 1965; H. Fuchs u. L. Könitzer, Digitale Meßwerterfassung, Bd. 46. Reihe Automatisierungstechnik, VEB Verlag Technik, Berlin 1969; E. G. Woschni, Meßgrößenverarbeitung, S. Hirzel Verlag, Leipzig 1969; E. Hultzsch, Ausgleichsrechnung mit Anwendungen in der Physik unter besonderer Berücksichtigung der Meßtechnik, Techn.-Phys. Monographien, Akad. Verlagsges. Geest u. Portig, Leipzig

1971; E.-G. WOSCHNI, Meßdynamik, 2. Aufl., S. Hirzel Verlag Leipzig 1972; W. Hofmann u. H. Gatzmanga, Einführung in die Betriebsmeßtechnik, VEB Verlag Technik, Berlin 1972; G. A. BALL, Korrelationsmeßgeräte. Reihe Meßtechnik, VEB Verlag Technik, Berlin 1972; M. KRAUS u. E. G. WOSCHNI, Meßinformationssysteme. Reihe Meßtechnik, VEB Verlag Technik, Berlin 1972; D. HOFMANN, Feingerätetechn. **28** (1979) 194, 195.

[24] K. RÄNTSCH, Genauigkeit von Messung und Meßgerät. Techn. Messen in Einzeldarstellungen, Bd. 5, Hanser-Verlag, München 1950; G. BERNDT, Maß und Messen, Betriebshütte, Abschn. Fertigungsmeßwesen, Kap. IV, 4. Aufl., Ernst u. Sohn, Berlin 1952; H. ZILL, E. LIPPERT u. E. HULTZSCH, Messen und Lehren im Maschinen- und Feingerätebau. Teubner-Verlag, Leipzig 1956; P. Leineweber, Werkstattstechnik **54** (1964) 236; G. BERNDT, E. HULTZSCH u. H. WEINHOLD, Wiss. Z. TU Dresden **17** (1968) 465; Z. wiss. Fertigung **65** (1970) 223; H. TRUMPOLD, Feingerätetechn. **27** (1978) 435.

[25] Vgl. z. B. P. GÖRLICH, msr **14** (1971) 171.

[26] P. HUMMITZSCH, Zuverlässigkeit, Bd. 28. Reihe Automatisierungstechnik, VEB Verlag Technik, Berlin 1965; B. W. GNEDENKO, J. K. BELJAJEW u. A. P. SOLOWJEW, Math. Methoden der Zuverlässigkeitstheorie, Akademie-Verlag, Berlin 1968; H.-G. HORN, H. SZIBOR u. R. THIEMER, Feingerätetechn. **22** (1973) 289; J. KURT u. S. HENKE, Feingerätetechn. **22** (1973) 501; M. JEANMONOD, Microtecnic **27** (1973) 265; E. MUFF, Microtecnic **27** (1973) 267; K. NEUMANN u. J. THIELE, Feingerätetechn. **24** (1975) 49; J. KURT, Feingerätetechn. **24** (1975) 53.

[27] W. HOFMANN, Zuverlässigkeit von Meß-, Steuer-, Regel- und Sicherheitssystemen. Thiemig-Taschenbücher Bd. 32, Verlag Karl Thiemig, München; A. A. TSCHERWONY, Die Zuverlässigkeit komplizierter Systeme. Moskau 1972.

[28] I. B. GTUCIN u. A. S. KUZIVEC, Bionika u nadeznost. Verlag Nauka, Moskau 1967; S. N. BRAINES u. V. B. SVECINSKIJ, Probleme der Neurobionik und Neurokybernetik. VEB Gustav Fischer Verlag, Jena 1970; E. FORTH u. E. SCHEWITZER, Wiss. Z. der TH Ilmenau **16** (1970) 51; H. MARKO, Elektrotechn. Z. **93** (1972) 697.

[29] S. N. BRAINES u. V. B. SVECINSKIJ, Problemy neirokibernetiki i neirobioniki. Medicina, Moskau 1968.

[30] Vgl. W. SKARUS, Digest 10th Intern. Conf. Medical and Biological Eng. Dresden (1973) 95; msr. **17** (1974) 48.

[31] Vgl. H. FISCHER, A. IGNATIUS, A. JENSCH u. E. PADELT, Taschenbuch der Feingerätetechnik Bd. 1 u. 2, VEB Verlag Technik, Berlin 1968/69.

[32] Vgl. S. HILDEBRAND u. D. STÜNDEL, Feingerätetechn. **20** (1971) 7; W. KRAUSE, Feingerätetechn. **22** (1973) 385; P. GÖRLICH, Feingerätetechn. **23** (1974) 482; H. FISCHER, Microtecnic Heft 4 (1979) 4.

[33] K. ROTH, VDI-Ber. **71 B** (1963) 164.

[34] J. DITTMANN, Arch. techn. Messen J 080 — F 3 (1967); Ch. SCHLIER, meßtechnik **76** (1968) 147; S. JUNGE u. H. BREITSCHUH, Elektrie **26** (1972) 139, 160; P. GÖRLICH u. W. SKARUS, msr **16** (1973) 198.

[35] H. KÜRNER, VDI-Ber. Nr. 54 (1961) 103; J. DITTMANN, Arch. techn. Messen J 080 — F 3 (1967), Lieferung 379, S. 187; H. BODEN u. R. BRANDL, Die Technik **27** (1972) 377; H. KIENITZ u. R. KAISER, Z. analyt. Chem. **222** (1966) 119.

[36] A. Frank, Chemiker-Zeitung **92** (1968) 115; H. Kienitz, Angew. Chemie. **81** (1969) 723; G. Seifert, msr **13** (1970) 186; Z. f. Chem. **11** (1971) 161; H. Engelhardt, Elektro-Anzeiger **25** (1972) 138.

[37] J. Fischer, Prozeßkontrolle u. Prozeßregelung, Kap. IV; H. Körner, 5. Wissenschaftl. Kongreß der DGMA 1970

[38] P. Görlich, Feingerätetechn. **12** (1963) 490; W. Lotze u. a., Feingerätetechn. **27** (1978) 440; W. Lotze, Feingerätetechn. **28** (1979) 146.

[39] Vgl. P. Görlich u. H. Kortum, Feingerätetechn. **8** (1959) 152.

[40] P. Görlich u. W. Skarus, msr **13** (1970) 172; H. Fuchs, 5. Wiss. Kongr. DGMA, Leipzig 1970; H. Stahn, Z. elektr. Inform.- u. Energietechn. **1** (1971) 86, msr **15** (1972) 73.

[41] P. Görlich u. W. Skarus, msr **16** (1973) 195; K. Attni, Z. industr. Fertigung **62** (1972) 321; H. Wilhelms, Werkstattstechn. **62** (1972) 149.

[42] F. Hansen, Konstruktionssystematik, VEB Verlag Technik, Berlin **1953**; Feingerätetechn. **9** (1960) 44; **10** (1961) 452; W. Bischoff, Feingerätetechn. **9** (1960) 90 (mit Literaturzusammenstellung „Konstruktionssystematik"); H. Hildebrand, Einführung in die feinmechanischen Konstruktionen, VEB Verlag Technik, Berlin 1970; A. Kuhlenkamp, Konstruktionslehre der Feinwerktechnik, Carl Hanser Verlag, München 1971.

[43] V. Igney u. D. Lange, IBM-Nachr. **14** (1964) 2308; G. Stute u. A. Storr, Elektrotechn. T. **20** (1968) 669; K.-H. Werler, Feingerätetechn. **20** (1971) 11; E. Bürger, Automatisierung der technischen Produktionsvorbereitung, Reihe Automatisierungstechnik Bd. 130, VEB Verlag Technik, Berlin 1972.

[44] Vgl. P. Görlich, Feingerätetechn. **14** (1965) 209.

[45] Vgl. z. B. H. Reiche, Electric **26** (1972) 180.

[46] Vgl. z. B. H. Opitz, W. Junghanns u. W. Michels, Werkstattstechn. **62** (1972) 144.

[47] Vgl. P. Görlich, Vorträge Jahreshaupttagung der Phys. Ges. der DDR (Meßmethoden der Physik) 1977, S. 3.

[48] Vgl. z. B. L. Dornburg, Feingerätetechn. **28** (1979) 514; H. Damm u. S. Spott, dto. **28** (1979) 530.

Heft 4 Prof. Dr.-Ing. Dr. h. c. KURT SCHWABE, Analytische Probleme des Umweltschutzes
1975. 28 Seiten — 9 Abbildungen — 2 Tabellen — 8° — M 3,50

Heft 5 Prof. Dr. WOLFGANG BUCHHEIM, Die kopernikanische Wende und die Gravitation
1975. 36 Seiten — 2 Farbtafeln — 8° — M 5,—

Heft 6 Prof. Dr. HERMANN BERG, Photopolarographie und Photodymamic
1975. 19 Seiten — 2 Abbildungen — 2 Tabellen — 8° — M 3,—

Heft 7 Prof. Dr. MANFRED GERSCH, Probleme der Insektizide aus heutiger Sicht
1976. 36 Seiten — 9 Abbildungen — 2 Tabellen — 8° — M 4,—

Band 112

Heft 1 Prof. Dr. WALTER BREDNOW, Spiegel, Doppelspiegel und Spiegelungen — eine „wunderliche Symbolik" Goethes
1975. 28 Seiten — 4 Abbildungen — 8° — M 3,—

Heft 2 Prof. Dr. ARTUR LÖSCHE, Über negative absolute Temperaturen. Eine Einführung
1976. 26 Seiten — 12 Abbildungen — 8° — M 4,—

Heft 3 Prof. Dr. med. HERBERT JORDAN, Kurorttherapie: Prinzip und Probleme
1976. 31 Seiten — 10 Abbildungen — 1 Tabelle — 8° — M 4,50

Heft 4 Prof. Dr. FRIEDRICH WOLF / Dr. PETER FRÖHLICH, Zur Druckabhängigkeit von Ionenaustauschreaktionen
1977. 13 Seiten — 6 Abbildungen — 1 Tabelle — 8° — M 2,—

Heft 5 Prof. Dr. DIETRICH UHLMANN, Möglichkeiten und Grenzen einer Regenerierung geschädigter Ökosysteme
1977. 50 Seiten — 20 Abbildungen — 2 Tabellen — 8° — M 6,50

Heft 6 Prof. Dr. ERICH RAMMLER, Zwei Jahrzehnte Entwicklung des Einsatzes der Energieträger Kohle und Erdöl im Weltmaßstab
1977. 29 Seiten — 6 Abbildungen — 4 Tabellen — 8° — M 4,—

Heft 7 Prof. Dr. ULRICH FREIMUTH, Umweltprobleme in der Ernährung
1977. 32 Seiten — 3 Abbildungen — 4 Tabellen — 8° — M 4,—

Band 113

Heft 1 Prof. Dr. ERICH LANGE, Allgemeingültige Veranschaulichung des II. Hauptsatzes
1978. 22 Seiten — 10 graph. Darst. — 8° — M 4,—

Heft 2 Prof. Dr. HERBERT BECKERT, Bemerkungen zur Theorie der Stabilität
1977. 19 Seiten — 8° — M 2,50

Heft 3 Prof. Dr. KLAUS DÖRTER, Probleme und Erfahrungen bei der Entwicklung einer intensiven landwirtschaftlichen Produktion im Landschaftsschutzgebiet des Harzes
1978. 20 Seiten — 6 Abbildungen, davon 4 farbige — 2 Tafeln auf 2 Tabellen — 8° — M 7,—

Heft 4 Prof. Dr. sc. med. HANS DRISCHEL, Elektromagnetische Felder und Lebewesen
1978. 31 Seiten — 14 Abbildungen — 2 Tabellen — 8° — M 5,—

Heft 5 Prof. Dr. MANFRED GERSCH, Wachstum und Wachstumsregulatoren der Krebse. Biologische Erkentnisse und generelle Erwägungen
1979. 32 Seiten — 13 Abbildungen — 1 Tabelle — 8° — M 6,—

Heft 6 Prof. Dr. rer. nat. FRIEDRICH WOLF / Dr. rer. nat. URSULA KOCH, Über den Einfluß der chemischen Struktur von Dispersionsfarbstoffen auf deren Dispersionsstabilität
1979. 18 Seiten — 3 Abbildungen — 10 Tabellen — 8° — M 3,50

Heft 7 Prof. Dr. rer. nat. FRIEDRICH WOLF / Dr. rer. nat. WOLFGANG HEYER. Zur Sorption an Tetracalciumaluminathycroxisalzen
1980. 12 Seiten — 5 Abbildungen — 4 Tabellen — 8° — M 2,—

Band 114

Heft 1 Prof. Dr. HASSO ESSBACH, Morphologisches zur orthologischen und pathologischen Differenzierung und zum Anpassungs- und Abwehrvermögen der menschlichen Placenta
1980. 19 Seiten — 12 Abbildungen — 8° — M 4,—

Heft 2 Prof. Dr. med. WERNER RIES, Risikofaktoren des Alterns aus klinischer Sicht
1980. 19 Seiten — 9 Abbildungen, davon 1 Abbildung auf Tafel — 8° — M 4,—

Heft 3 Prof. Dr. OTT-HEINRICH KELLER, Anschaulichkeit und Eleganz beim Alexanderschen Dualitätssatz
1980. 19 Seiten — 8° — M 4,—

Heft 4 Prof. Dr. rer. nat. BENNO PARTHIER, Die cytologische Symbiose am Beispiel der Biogenese von Zellorganellen *In Vorbereitung*

Heft 5 Prof. Dr. F. WOLF / Dr. S. ECKERT / Dr. M. WEISE / Dr. S. LINDAU, Untersuchungen zur Synthese und Anwendung bipolarer Ionenaustauschharze 1980. 12 Seiten — 6 Tabellen — 8° — M 2,—

Heft 6 Prof. Dr. med. HERBERT JORDAN, Balneoklimatologie — Eine Zielstellung im Mensch-Umwelt-Konzept *In Vorbereitung*

Band 115

Heft 1 Prof. Dr. rer. nat. HERMANN BERG, Wilhelm Ostwald — Erkenntnisse über die Biosphäre *In Vorbereitung*

Heft 2 Prof. Dr. sc. KLAUS DÖRTER, Aphorismen zur Qualität des Bewässerungswassers *In Vorbereitung*

Heft 3 Prof. Dr. Ing. Dr. rer. nat. h. c. PAUL GÖRLICH, Die geschichtliche Entwicklung des wissenschaftlichen Gerätebaus und seine zukünftige Bedeutung *Vorliegendes Heft*

Heft 4 Prof. Dr. WOLFGANG BUCHHEIM, Albert Einstein als Wegbereiter nachklassischer Physik *In Vorbereitung*

Einzel- oder Fortsetzungsbestellungen durch eine Buchhandlung erbeten

Sitzungsberichte bis Band 108
durch das Zentralantiquariat der Deutschen Demokratischen Republik, Leipzig,
ab Band 109 durch den Akademie-Verlag, Berlin, zum Teil noch lieferbar

AKADEMIE-VERLAG

DDR-1080 Berlin, Leipziger Str. 3—4

FSC
www.fsc.org
MIX
Papier | Fördert
gute Waldnutzung
FSC® C083411

Zeitfracht Medien GmbH
Ferdinand-Jühlke-Straße 7
99095 Erfurt, Deutschland
produktsicherheit@kolibri360.de